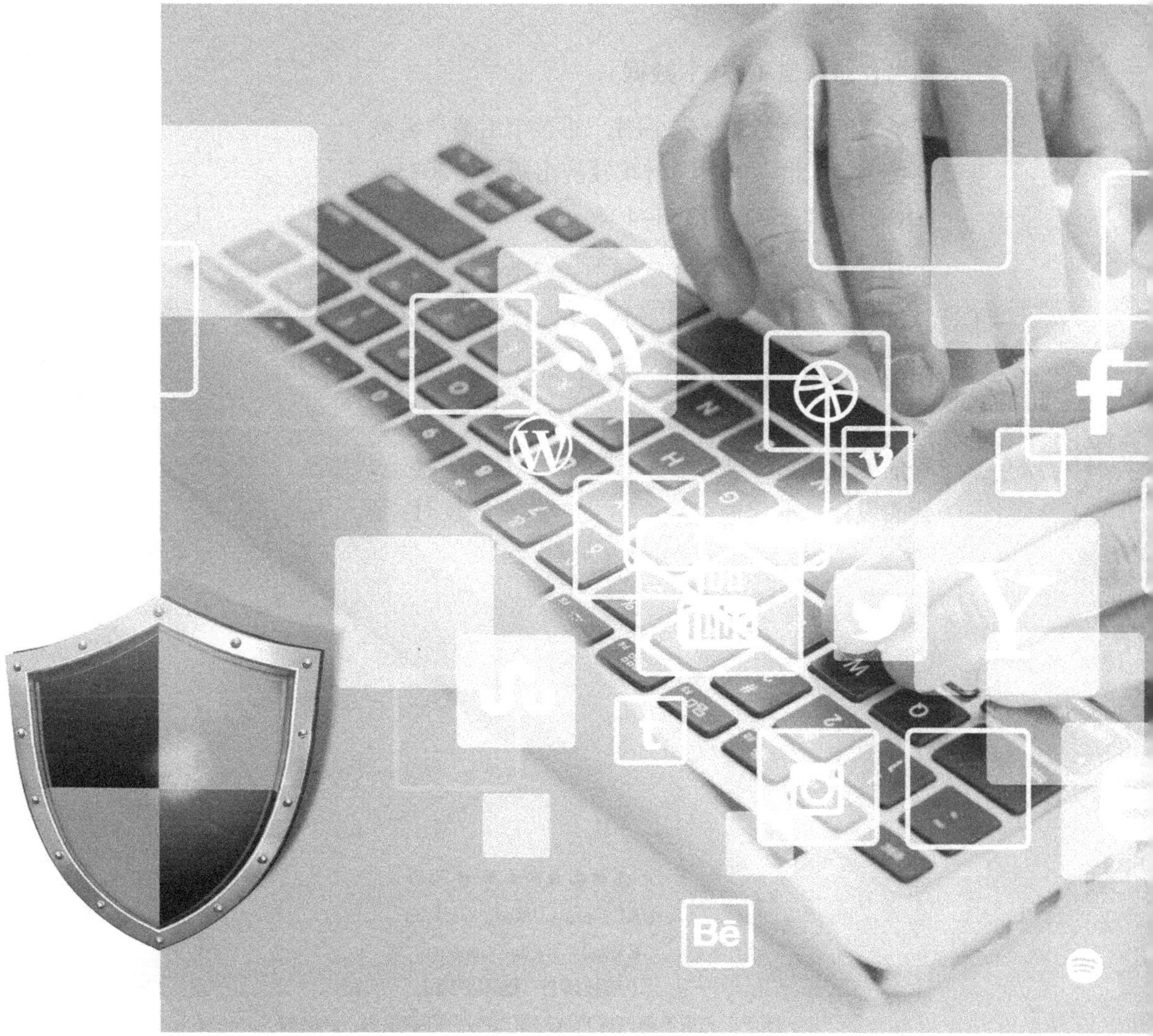

网络空间安全教育

WANGLUO KONGJIANANQUAN JIAOYU

主编 / 朱小刚　刘春年

副主编 / 易岚　刘晓

中国财经出版传媒集团

中国财政经济出版社

图书在版编目（CIP）数据

网络空间安全教育 / 朱小刚，刘春年主编；易岚，刘晓副主编. --北京：中国财政经济出版社，2023.3

ISBN 978-7-5223-1376-4

Ⅰ.①网… Ⅱ.①朱… ②刘… ③易… ④刘… Ⅲ.①计算机网络–网络安全–教材 Ⅳ.①TP393.08

中国版本图书馆CIP数据核字（2022）第067704号

责任编辑：彭　波　　　　责任印制：史大鹏

封面设计：卜建辰　　　　责任校对：张　凡

中国财政经济出版社 出版

URL：http：//www.cfeph.cn

E-mail：cfeph@cfeph.cn

社址：北京市海淀区阜成路甲28号　邮政编码：100142

营销中心电话：010-88191522

天猫网店：中国财政经济出版社旗舰店

网址：https：//zgczjjcbs.tmall.com

北京财经印刷厂印刷　各地新华书店经销

成品尺寸：170mm×240mm　16开　14.25印张　200 000字

2023年3月第1版　2023年3月北京第1次印刷

定价：68.00元

ISBN 978-7-5223-1376-4

（图书出现印装问题，本社负责调换，电话：010-88190548）

本社图书质量投诉电话：010-88190744

打击盗版举报热线：010-88191661　QQ：2242791300

Contents 目录

附录

导言

国家安全与网络安全

国家安全是安邦定国的重要基石，保证国家安全是治国理政的基本目标。“总体国家安全观”是我们党历史上第一个被确立为国家安全工作指导思想的重大战略思想，是习近平新时代中国特色社会主义思想的重要组成部分，是新时代国家安全工作的根本遵循和行动指南。

网络安全和信息化对一个国家很多领域都是牵一发而动全身，没有网络安全就没有国家安全，就没有经济社会稳定运行，广大人民群众利益也难以得到保障。数字经济、互联网金融、人工智能、大数据、云计算等新技术新应用快速发展，催生一系列新业态新模式，但相关法律制度还存在时间差、空白区。网络犯罪已成为危害我国国家政治安全、网络安全、社会安全、经济安全等的重要风险之一。

加强网络安全教育和宣传，提高全社会网络安全意识，增强全民信息素质和网络安全能力，是从网络大国向网络强国迈进的关键举措之一。2016年4月19日，习近平在网络安全和信息化工作座谈会上的讲话，强调“要深入开展网络安全知识技能宣传普及，提高广大人民群众网络安全意识和防护技能。”

为此，一方面需将网络安全教育纳入“三全育人”体系，使网络安全教育贯穿教育教学全过程、融入人才培养各环节，使学生充分认识到网络安全的重要意义，在主观上产生警惕与防备心理，提升维护网络安全的意识与能力。另一方面，需要以法治教育为抓手，增强学生网络自律意识。在思想政治教育中加强网络法律法规和网络道德教育，引导学生依法上网、文明上网，提高自律意识，自觉抵制网络上的不良信息，有效维护自身权益，积极举报网络违法违规行为，成为网络安全的建设者。

总之，要综合运用多种手段，牢固树立安全意识、底线思维，构筑国家网络安全保障体系，健全网络安全教育机制，夯实网络安全教育资源，维护好国家安全、国家利益和人民群众的权益。

基础篇

揭开网络世界的面纱

1 你了解网络空间安全吗？
2 你必须了解的网络概念
3 你了解常用的网络设备吗？

1 你了解网络空间安全吗？

1.1 网络的起源与发展

信息是通过施加于数据上的某些约定而赋予这些数据的特定含义，也就是说，那些能表达某种含义的消息、信号、数据、情报或知识等都可以概括为信息。信息以多种形式存在着，在我们生活周围，书本信件、电子邮件、交易数据、考试题目等便是最常见的信息。

在古代，人们通过烽火、飞鸽、驿站等方式进行信息的传递。在当今信息化时代中，网络成为信息传递的主要方式。我们可以将网络想象成一个“交通系统”，信息就是“乘客”，在这个“交通系统”里，“乘客”从“出发地”被送至“目的地”。这位特殊的“乘客”到达“目的地”所借助的就是“网络”。信息的传递方式多种多样，所以不同的“乘客”也会选择不同的“交通工具”和不同的“路线”。

网络是人类发展史上最重要的发明，它促进了科学技术和人类社会的发展。网络由节点和连线构成，表示诸多对象及其相互联系。在计算机领域中，网络是信息传输、接收、共享的虚拟平台，通过它把各个点、面、体的信息联系到一起，从而达到资源共享和通信的目的。最早的网络，是由美国国防部高级研究计划局（ARPA）建立的。

网络，给信息提供了强大而有力的传播渠道，并且大大缩短了信息发布和接收的时间，避免了许多不必要的资源浪费。

1.2 网络空间是什么

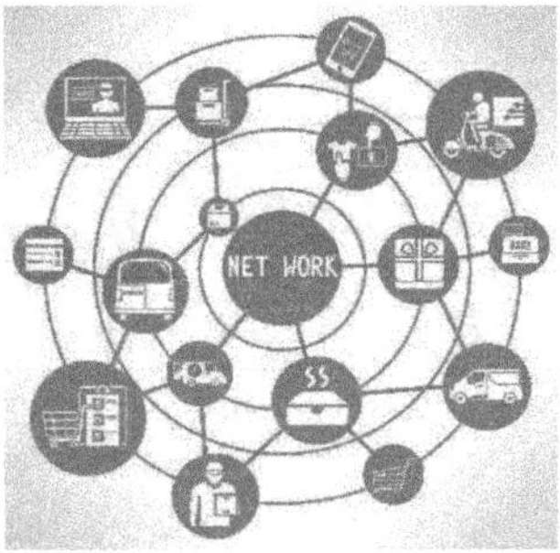

什么是网络空间？联合国国际电信联盟（ITU）对其的界定是最为全面的，网络空间（Cyberspace）是指：“由以下所有或部分要素创建或组成的物理或非物理的领域，这些要素包括计算机、计算机系统、网络及其软件支持、计算机数据、内容数据、流量数据以及用户。”

网络空间包含通信线路与通信设备、有独立功能的计算机、网络软件支持和实现数据通信与资源共享四个要素。

在计算机领域中，凡将地理位置不同，并具有独立功能的多个计算机系统通过通信设备和线路连接起来，且以功能完善的网络软件（网络协议、信息交换方式及网络操作系统等）实现网络资源共享的系统，可称为计算机网络空间。

2001年，美国在《保护信息系统的国家计划》中首次提出“网络空间”；2008年，美国国家安全54号总统令和国土安全23号总统令提出：“网络空间是连接各种信息技术的网络，包括互联网、各种电信网、各种计算机系统及各类关键工业中的各类嵌入式处理器和控制器。”

1.3 网络空间安全

2012年12月，欧洲信息安全局发布《国家网络安全战略：制定和实施的实践指南》指出：“网络空间安全尚没有统一的定义，与信息安全的概念存在重叠，后者主要关注保护特定系统或组织内的信息安全，而网络空间安全则侧重于保护基础设施及关键信息基础设施所构成的网络。”

2014年，美国国家标准技术研究院所发布的《增强关键基础设施网络空间安全框架》对“网络空间安全”进行了定义，即“通过预防、检测和响应攻击，保护信息的过程”。

因此我们说：网络空间安全不但包括人、机、物等实体在内的基础设施安全，还包含其中产生、处理、传输、储存的各种信息数据的安全。

从字面来理解，“网络空间安全”就是网络空间的安全。网络空间是所有信息系统的集合，它不仅是人类生存的虚拟的世界，也是真实的信息环境。在这个高度隐蔽、极具破坏性和难以监管的环境中，人与信息相互作用、相互影响，因此，网络空间安全的核心仍然是信息安全，在网络空间中依然存在着更加突出的信息安全问题。

网络空间安全是为了维护网络空间的正常秩序，避免信息资源的丢失、泄露及非法使用，保护个人的隐私权、言论自由权、智力成果权等合法权利，同时保障社会稳定、国家安全所建立和采取的一切技术层面和管理层面的安全防护措施。

网络空间安全具体包括三个方面：一是物理概念上的网络环境安全，保障物理硬件设备、网络结构到硬盘、程序上的正常运行；二是保证网络系统的软硬件和系统中的数据都受到保护，能够长久稳定地工作，能够保障信息的保密性、完整性、可用性；三是采取相应的技术手段对上网用户行为及言论进行监督，对危害他人或国家利益的行为进行预防、约束、监管、制止等措施。

网络空间安全立足于国家安全战略层面，并与国家综合型安全高度融合，网络空间安全战略的视野和意义远远超出了单纯的网络空间，着眼于现实世界的各个领域，包括网络政治、网络经济、网络文化、网络社会、网络外交、网络军事等诸多领域。

1.4 网络空间安全研究方向

网络空间安全不仅关系到我们的个人利益和个人安全，也关系到国家利益和国家安全。对网络空间安全的深入学习和研究是大势所趋。当前，网络发展范围较广，网络空间安全的主要研究方向有：密码学、网络安全、信息系统安全、信息内容安全和信息对抗。

1.4.1 密码学

密码学是研究编制密码和破译密码的技术科学，主要由密码编码学和密码分析学组成，其中密码编码学主要研究对信息进行编码以实现信息隐藏，而密码分析学主要研究通过密文获取对应的明文信息。密码学的主要研究内容有对称密码、公钥密码、Hash函数、密码协议、新型密码（生物密码、量子密码等）、密钥管理、密码应用。密码的安全包括数学上的安全和实现上的安全，数学上的安全并不能保证密码体系的安全，近些年来，侧信道攻击等新的攻击手段可以利用与密码实现有关的物理特性来获取运算中暴露的秘密参数，进而实现密码破译。现有的数据环境对密码体制提出来更高的安全要求，涌现出了全同态密码、属性及函数密码、程序混淆密码、抗泄露密码等新的研究方向。密码学的公开研究时间较短，标志性事件是1949年香农《保密系统的通信理论》的发表。

1.4.2 网络安全

近些年来，随着无线网络、智能终端、云计算等技术的快速发展，以物联网、5G网络、CPS等为代表的下一代网络正处于逐步部署和实现的阶段。网络需要保障系统的正常服务，提高抵御风险的能力，加强监督和管理，以应对日趋严峻的网络安全态势。网络安全的基本思想是：在网络的各个层次和范围内采取防护措施，以便能对各种网络安全威胁进行检测和发现，并采取相应的响应措施，确保网络环境的信息安全。网络安全的研究内容除了网络安全威胁、通信安全、协议安全、网络防护、入侵检测、入侵响应、可信网络外，还需要结合当前网络的发展趋势，即移动、互联、智能化，来进行一系列新的探索，包括移动终端安全、网络设备安全、5G网络安全等。

1.4.3 信息系统安全

系统是信息的载体，是直接面对用户的服务系统。在以计算机为中心的各种实际信息系统中，有些系统是规模较小的，例如，它可能是一台计算机和一些应用软件。但许多系统是复杂庞大的，例如，电子商务系统、电子政务系统、云计算系统、大数据处理系统等都是复杂庞大的计算机信息系统。

信息系统安全研究系统的安全威胁、系统安全的理论、系统安全的技术和应用，其主要具体研究内容有：信息系统的安全威胁、信息系统的硬件系统安全、信息系统的软件系统安全、访问控制、可信计算、信息系统安全等级保护、信息系统安全测评认证、应用信息系统安全。

信息系统安全的特点是：从系统的底层和整体上考虑信息安全威胁并采取综合防护措施。首先，保障信息系统的设备可以正常使用、降低设备的故障率并且能够在设备故障时提供相应的应急措施；其次，对系统用户严格地进行访问控制，防止用户越权访问；再次，支持可信计算，值得一提的是，我国的可信计算处于世界领先水平，例如，我国的麒麟操作系统支持可信云计算等技术，实现了可信云管理；最后，按照新系统安全等级保护制度对信息系统进行定期的安全测评，并及时进行安全维护。

1.4.4 信息内容安全

随着智能制造与工业4.0战略的提出和我国“互联网+”战略的实施，网络与传统行业深度融合，为我们的生活带来了崭新的体验并且促进了相关行业的转型升级。但是由于网络难以监管，一些色情、反动的信息在网络中大量传播，盗版的光盘图书屡禁不止，垃圾邮件填满了收件箱，网络暴力和网络诈骗也屡见不鲜，这些行为破坏了网络空间的秩序，侵犯了广大用户的利益。保障信息内容安全是信息安全在政治、法律、道德层次上的要求。我们要求信息内容是安全的，就是要求信息内容在政治上是健康的、在法律上是符合国家法律规范的、在道德上是符合中华民族优良的道德规范的。对于信息内容，我们需要保障数字内容的版权不受侵犯、净化网络环境、对违法行为进行监督和制裁。信息内容安全领域的研究内容主要有：信息内容的获取、信息内容的分析与识别、信息内容的管理和控制、信息内容安全的法律保障。

1.4.5 信息对抗

信息对抗是为消弱、破坏对方电子信息设备和信息的使用效能，保障己方电子信息设备和信息正常发挥效能而采取的综合技术措施，其实质是斗争双方利用电磁波和信息的作用来争夺电磁频谱和信息的有效使用和控制权。信息对抗的主要研究内容有通信对抗、雷达对抗、光电对抗、计算机网络对抗。

网络信息对抗的“秘密”武器是智能信息武器，它是计算机病毒、抗计算机病毒程序及对网络实施攻击的程序的总称。智能武器作为一种新型的电子战武器，它的攻击目标就是网络上敌方电子系统的处理器。终极目标就是在一定控制作用下，攻击对方系统中的资源（数据、程序等），造成敌方系统灾难性的破坏，从而赢得战争的胜利。其作战步骤如下：

（1）通过传播，把智能攻击武器注入敌方系统的最薄弱环节。

（2）智能武器通过感染将病毒传播到下一个节点——有保护的链路之中，从而对有保护的节点构成威胁。

（3）通过一级级的感染，最终到达预定目标——敌人指挥中心的计算机系统，用特定的事件和时间激发，对敌方系统造成灾难性的破坏。网络信息对抗与传统的电子对抗的主要差别在于电子对抗的目标是电子系统的接收设备，而信息对抗的目标是敌方系统的处理器（即计算机）。

1.5 我国网络空间安全的机遇与挑战

1.5.1 我国网络空间安全重大机遇

伴随信息革命的飞速发展，互联网、通信网、计算机系统、自动化控制系统、数字设备及其承载的应用、服务和数据等组成的网络空间，正在全面改变人们的生产生活方式，深刻影响人类社会历史发展进程。

信息传播的新渠道。网络技术的发展，突破了时空限制，拓展了传播范围，创新了传播手段，引发了传播格局的根本性变革。网络已成为人们获取信息、学习交流的新渠道，成为人类知识传播的新载体。

生产生活的新空间。当今世界，网络深度融入人们的学习、生活、工作等方方面面，网络教育、创业、医疗、购物、金融等日益普及，越来越多的人通过网络交流思想、成就事业、实现梦想。

经济发展的新引擎。互联网日益成为创新驱动发展的先导力量，信息技术在国民经济各行业广泛应用，推动传统产业改造升级，催生了新技术、新业态、新产业、新模式，促进了经济结构调整和经济发展方式转变，为经济社会发展注入了新的动力。

文化繁荣的新载体。网络促进了文化交流和知识普及，释放了文化发展活力，推动了文化创新创造，丰富了人们精神文化生活，已经成为传播文化的新途径、提供公共文化服务的新手段。网络文化已成为文化建设的重要组成部分。

社会治理的新平台。网络在推进国家治理体系和治理能力现代化方面的作用日益凸显，电子政务应用走向深入，政府信息公开共享，推动了政府决策科学化、民主化、法治化，畅通了公民参与社会治理的渠道，成为保障公民知情权、参与权、表达权、监督权的重要途径。

交流合作的新纽带。信息化与全球化交织发展，促进了信息、资金、技术、人才等要素的全球流动，增进了不同文明交流融合。网络让世界变成了地球村，国际社会越来越成为你中有我、我中有你的命运共同体。

国家主权的新疆域。网络空间已经成为与陆地、海洋、天空、太空同等重要的人类活动新领域，国家主权拓展延伸到网络空间，网络空间主权成为国家主权的重要组成部分。尊重网络空间主权，维护网络安全，谋求共治，实现共赢，正在成为国际社会共识。

1.5.2 我国网络空间安全面临的挑战

网络安全形势日益严峻，国家政治、经济、文化、社会、国防安全及公民在网络空间的合法权益面临着严峻风险与挑战。

网络渗透危害政治安全。政治稳定是国家发展、人民幸福的基本前提。利用网络干涉他国内政、攻击他国政治制度、煽动社会动乱、颠覆他国政权，以及大规模网络监控、网络窃密等活动严重危害国家政治安全和用户信息安全。

网络攻击威胁经济安全。网络和信息系统已经成为关键基础设施乃至整个经济社会的神经中枢，遭受攻击破坏、发生重大安全事件，将导致能源、交通、通信、金融等基础设施瘫痪，造成灾难性后果，严重危害国家经济安全和公共利益。

网络垃圾侵蚀文化安全。网络上各种思想文化相互激荡、交锋，优秀传统文化和主流价值观面临冲击。网络谣言、颓废文化和淫秽、暴力、迷信等违背社会主义核心价值观的有害信息侵蚀青少年身心健康，败坏社会风气，误导价值取向，危害文化安全。网上道德失范、诚信缺失现象频发，网络文明程度亟待提高。

网络恐怖和违法犯罪破坏社会安全。恐怖主义、分裂主义、极端主义等势力利用网络煽动、策划、组织和实施暴力恐怖活动，直接威胁人民生命财产安全、社会秩序。计算机病毒在网络空间传播蔓延，网络欺诈、黑客攻击、侵犯知识产权、滥用个人信息等不法行为大量存在，一些组织肆意窃取用户信息、交易数据、位置信息以及企业商业机密，严重损害国家、企业和个人利益，影响社会和谐稳定。

网络空间的国际竞争方兴未艾。国际上争夺和控制网络空间战略资源、抢占规则制定权和战略制高点、谋求战略主动权的竞争日趋激烈。个别国家强化网络威慑战略，加剧网络空间军备竞赛，世界和平受到新的挑战。

网络空间机遇与挑战并存，机遇大于挑战，必须坚持积极利用、科学发展、依法管理、确保安全，坚决维护网络安全，最大限度地利用网络空间发展潜力，更好地惠及14亿多中国人民，造福全人类，坚定维护世界和平。

2 你必须了解的网络概念

2.1 万能的因特网

2.1.1 计算机网络是什么样子

计算机网络和蜘蛛网都是一种“网”，它们有着同样的特征。那蜘蛛网有什么特点呢？在图中我们可以观察到，它有两个特征：点和线。

在我们生活中常见的一些网，如渔网、铁网、绳网等，都具有这两个特征。

以此类推，计算机网络也具有这两个特征，不过我们要换一种说法：节点和链路。所以，计算机网络就是由若干节点和连接这些节点的链路组成的。节点可以是计算机、交换机、路由器等网络中的设备。链路可以简单理解为网线。

下图是由五个节点（四台计算机、一台集线器）和四条链路组成的计算机网络。

一朵云代表了一个网络，连接了多台计算机。下图中多朵云连接在一起构成了一朵更大的灰色的云，这种网络就是“网络的网络”，它就叫作互联网（Internet）。

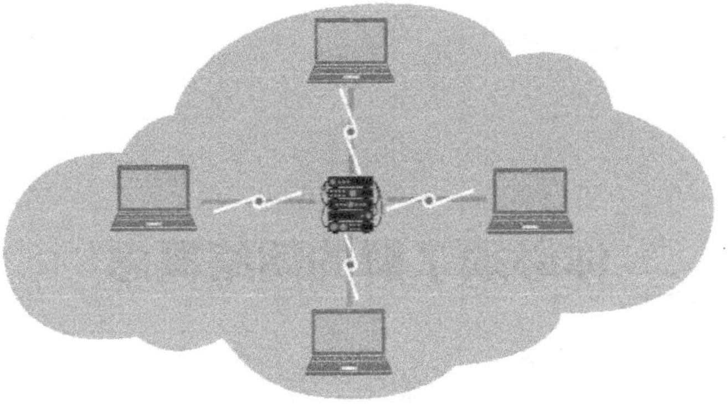

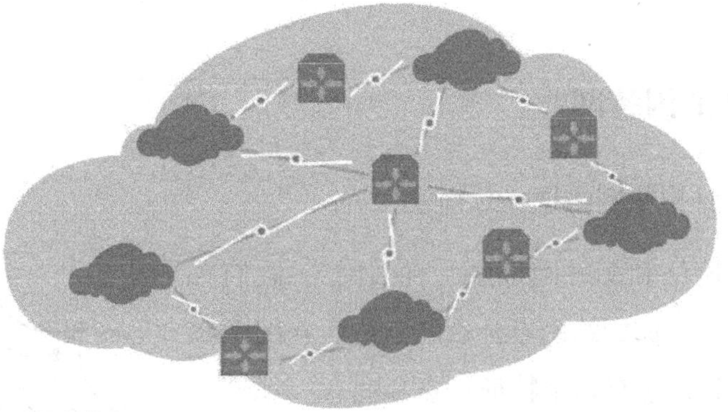

互联网是全球最大、最重要的计算机网络。我们每天都会上网来微信聊天、玩王者荣耀、看视频、看博客等。我们所上的这个“网”指的就是互联网。我们之所以能够上网一起聊天、玩游戏，就是因为大家都被连接在同一张“网”上了。

2.1.2 计算机网络是怎么通信的

我们通过网络可以互相交流，那这些信息在计算机网络中究竟是怎么从一台计算机发送到另一台计算机的呢？计算机网络的通信可是个“大工程”，要想有条不紊地完成这项工作，肯定是要进行分工合作的，OSI参考模型的分层就是计算机网络的一种分工方式，它把计算机网络分成了七层，每一层都各司其职，而每一层做什么、怎么做都要有一个规定，这个规定就是协议。

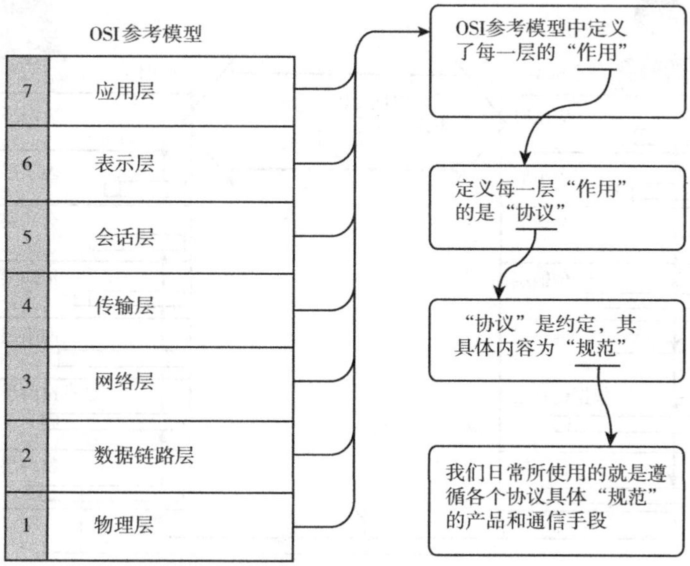

那在这七层的网络中，信息是怎么一步步传输的呢，我们可以看一个例子：

假定用户A要给用户B发送一封邮件，内容是“早上好”。网络究竟会进行哪些处理呢？我们按照上面的模型从上到下依次分析。

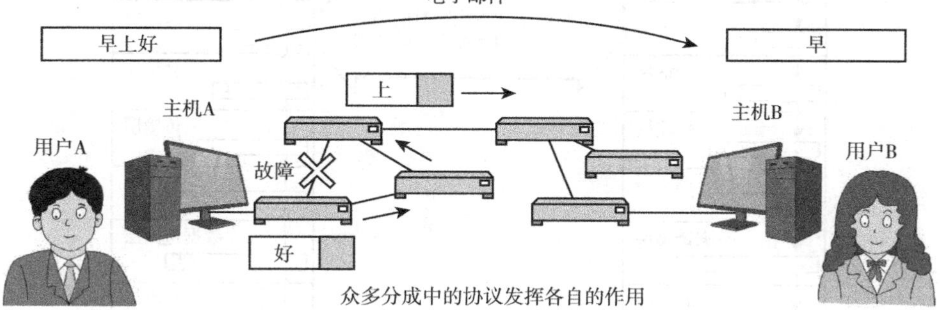

众多分成中的协议发挥各自的作用
从而实现邮件的发送和接受

（1）应用层。

应用层的协议会在要传送的数据的前端添加一个首部（标签）信息。标明邮件的内容是“早上好”和收件人是“B”。

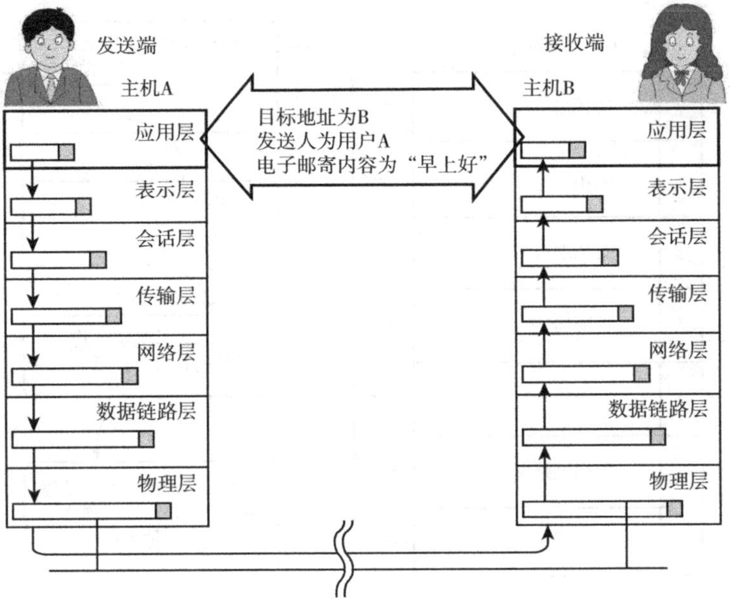

（2）表示层。

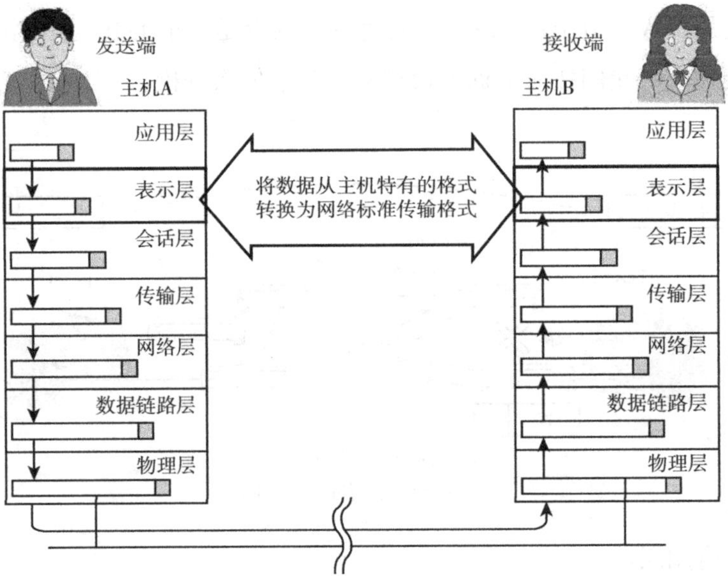

在表示层，“早上好”这段文字会从原本的编码格式转换成统一的网络标准传输格式。

（3）会话层。

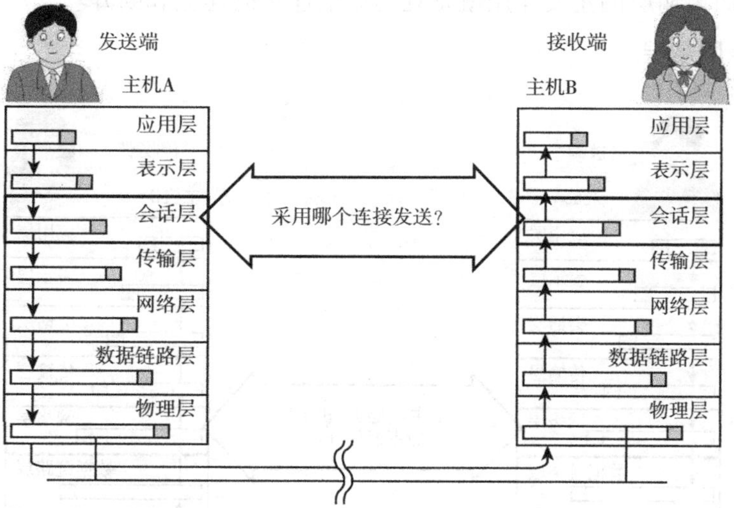

假如用户A不仅想给用户B发“早上好”，还想发“吃了吗”。那这两封邮件会按什么顺序来发送呢？可以每发一封邮件建立一次连接；还可以建立好连接后就把两封邮件连续发送；甚至可以同时建立好两个连接，将两封邮件同时发送。那么会话层的主要责任就是决定采用哪一种方法来发送邮件。

（4）传输层。

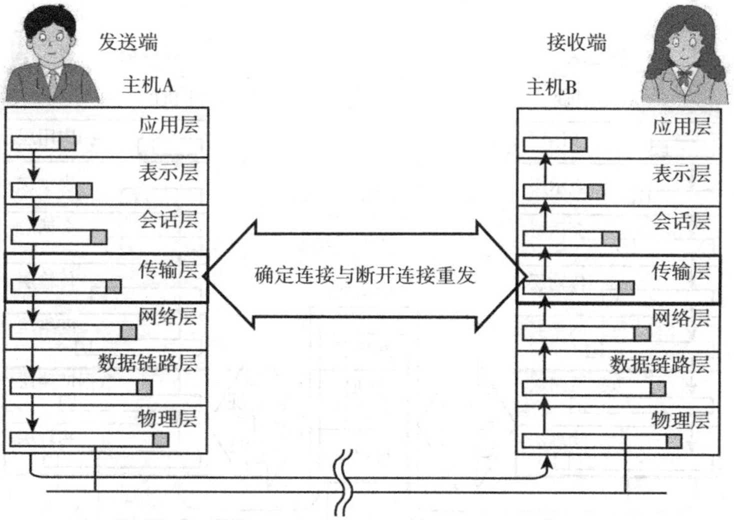

主机A确保与主机B之间的通信并准备发送数据。这一过程称为“建立连接”。而传输层的主要作用就是处理通信连接的建立和断开。

（5）网络层。

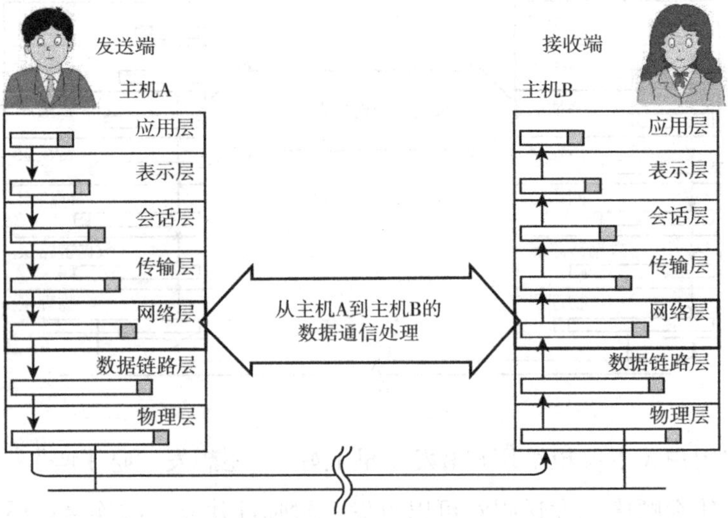

到了网络层，就是要在相互连接的网络环境中，将“早上好”从发送端主机发送到接收端主机。

（6）数据链路层和物理层。

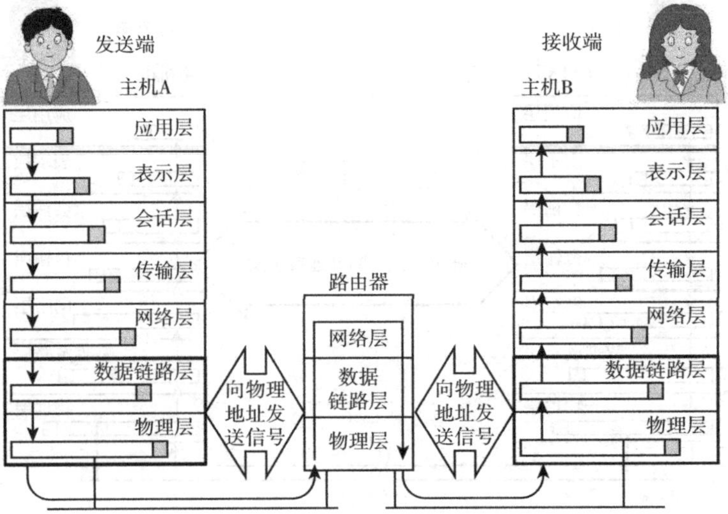

通信传输实际上是通过物理的传输介质（如网线）实现的。数据链路层的作用就是在这些通过传输介质互连的设备之间提供数据链路连接的创建、维持和释放管理。在物理层中，数据会从0、1的形式转换为电压和脉冲光传输给物理的传输介质。

当这些数据最终到达了主机B，它又从物理层开始逐层向上将接收到的数据进行处理，然后用户B就会接收到用户A发送的邮件，并读取到内容为“早上好”。至此，一次计算机网络的通信就完成啦。

2.1.3 TCP/IP 协议

前面介绍了OSI参考模型，它是国际标准组织ISO为网络传输协议制定的，它是一个理想化模型，真实的网络系统并没有与它完全对应。在生活中真正被普遍使用的是TCP/IP模型。

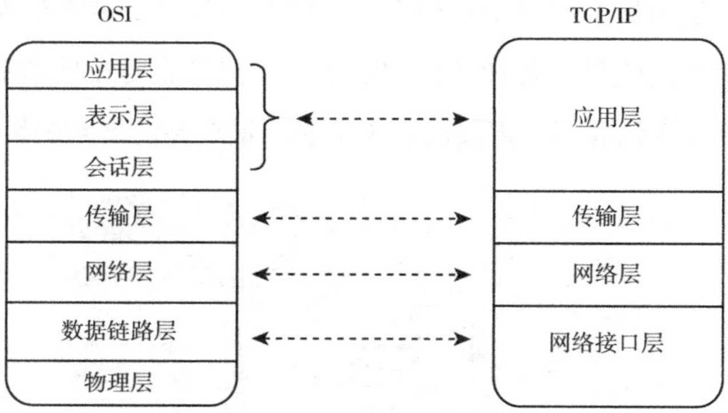

TCP/IP模型与OSI参考模型的不同点在于TCP/IP把表示层和会话层都归入应用层，所以TCP/IP模型从下至上分为四层：网络接口层、网络层、传输层和应用层。

2.1.4 因特网的应用

计算机网络于1969年投入使用，现在它已经渗透到人们日常的学习、工作、生活、娱乐等各个方面，为我们带来了前所未有的方便。那么互联网的典型应用有哪些呢？

（1）网络媒体。

互联网作为一种新兴的传播媒体，由于互动性良好、表现形式各种多样、感染力突出，成为继报纸、广播、电视等之后的“第四媒体”，各大新闻网站、门户网站、企事业单位，都相继开通了这一宣传通道。

（2）互联网信息检索。

想要在浩如烟海的网络中找到自己所需要的信息，就要依靠网络搜索技术了，它帮助我们收集着各种各样的信息，我们只需要在搜索引擎中输入关键词，就可以查询到我们所需要的相关信息。最典型的搜索引擎就是百度。

（3）即时通信。

网络通信分为电子邮件和即时通信两大类。在之前，很多网民都使用网上免费的电子邮件来与其他人交流。现在即时通信飞速发展，其功能日益丰富，一方面正在成为社会化网络的连接点；另一方面也逐渐成为电子邮件、博客、网络游戏和搜索等多种网络应用的重要接口。

（4）网络娱乐。

网络娱乐主要包括网络游戏、网络音乐、网络视频、网络主播等。

（5）电子商务。

电子商务是与网民生活密切相关的重要网络应用，通过网络支付、在线交易，卖家可以用很低的成本把商品卖到全世界，买家则可以用很低的价格买到自己心仪的商品。现在最典型的电子商务应用就是淘宝等。

（6）网上教育。

围绕教学活动开设的网络学校、远程教育等进行的网络教学、慕课课程、网上辅导等各类网络教育正渗透到传统的教学活动中。使用者可以随时登录网站进行学习或参加考试辅导。

2.2 稳定的局域网

2.2.1 什么是局域网

局域网（Local Area Network，LAN）是生活中最常见到的，也是应用最多的一种计算机网络，大到各行各业的企业内部网络，小到千家万户的家庭网络都属于局域网（仅指内部网络部分）。学校的校园网通常也是一种局域网。局域网是将一个比较小的区域内的各种通信设备互连在一起组成的计算机网络。

2.2.2 常见的局域网结构有哪些

（1）星形结构。

星形结构通常采用集线器或交换机作为网络的中央节点，网络中的每一个节点设备都以中央节点为中心，通过连接线与中心节点相连，计算机之间通过中央节点进行信息交换，网络中各节点呈星状分布因此而得名。星形结构是局域网中应用得最为普遍的一种，在企业网络中几乎都是采用这一方式。

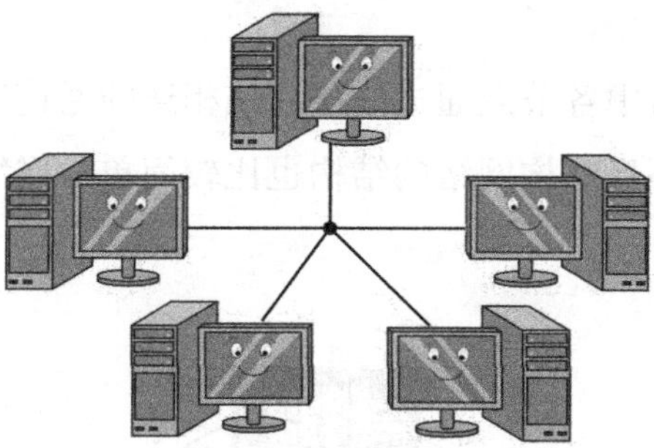
Star

（2）树形结构。

树形结构是网络天然的分级结构，又被称为分级的集中式网络。网络中的节点呈树状排列，整体看来就像一棵朝上的树，因此而得名。其特点是网络成本低，结构比较简单。

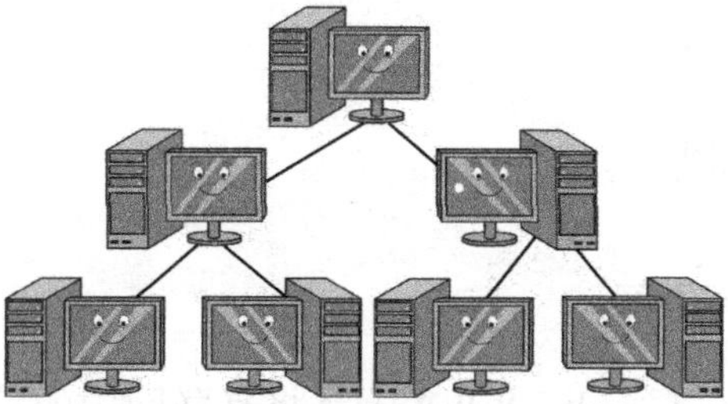
Tree

（3）总线形结构。

总线形结构是将网络中的各个节点设备用一根总线挂接起来，网络中所有的节点都是通过总线进行信息传输的。其适用于家庭、宿舍等网络规模较小的场所。

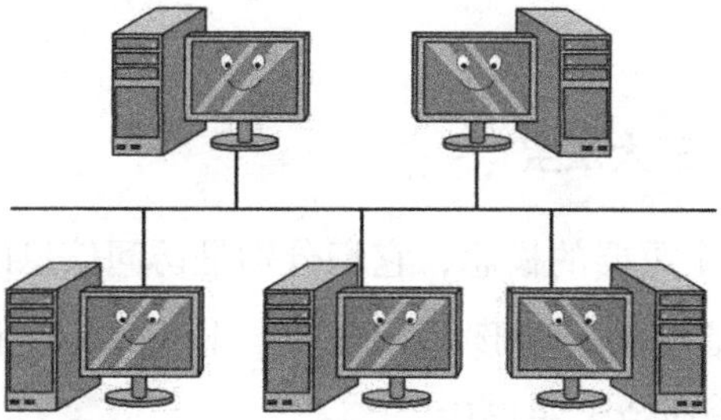
Bus

（4）环形结构。

环形结构是网络中各节点通过一条首尾相连的通信链路连接起来的一个闭合环形结构网。环形结构网络的结构也比较简单，网络中的各个节点地位相等。

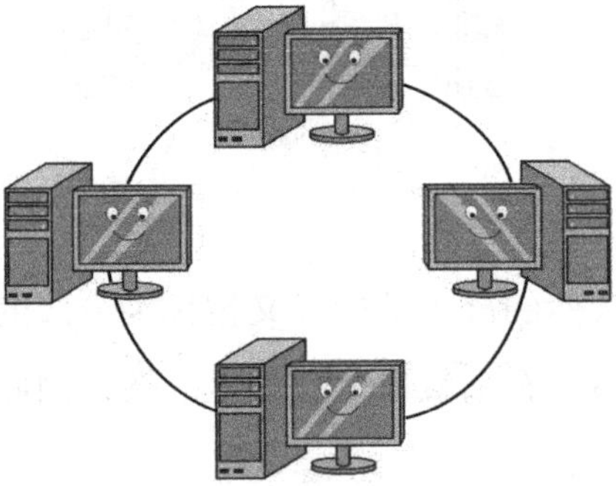

Ring

2.3 常见的万维网

2.3.1 什么是万维网

万维网（world wide web，WWW）是将互联网中的信息以超文本形式展现的系统，也称为WWW、Web、全球广域网。可以显示WWW信息的客户端软件称为Web浏览器。目前人们常用的Web浏览器包括微软的IE（Internet Explorer）、Mozilla基金会的Firefox、Google公司的Google Chrome、Opera软件公司的Opera以及Apple公司的Safari等。借助浏览器，人们不需要考虑该信息保存在哪里，只需要轻轻点击鼠标就可以访问页面上的链接并打开相关信息。

2.3.2 万维网的三大法宝

万维网定义了3个重要的概念，它们分别是访问信息的手段与位置（URI，统一资源标识符）、信息的表现形式（HTML，超文本标记语言）以及信息转发（HTTP，超文本转发协议）等操作。

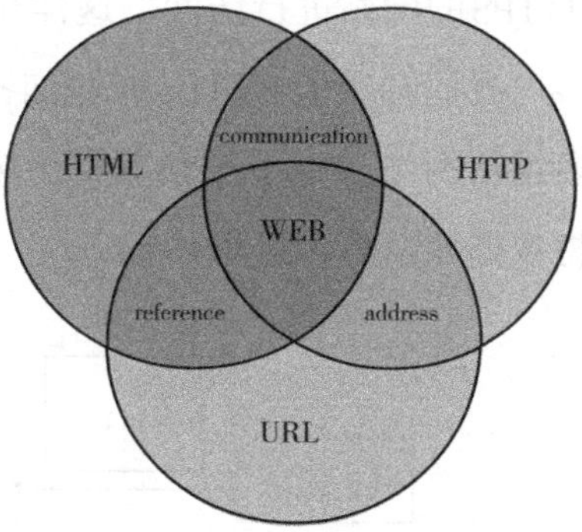

URI，也就是统一资源标识符，用于唯一的标识资源，就像每个人的身份证号，可以通过身份证号，唯一地标识一个人。在万维网中，我们常见的网址，如www.baidu.com是百度的URI，也称URL，统一资源定位符，可以具体地定位到百度的服务器。

HTML，超文本标记语言，是一种用于创建网页的标准标记语言。HTML是一种基础技术，常与CSS、JavaScript一起被众多网站用于设计网页、网页应用程序以及移动应用程序的用户界面。之前所说的Web浏览器就是通过读取HTML文件，然后将其渲染来呈现出可视化网页。

HTTP，超文本传输协议是互联网上应用最为广泛的一种网络协议，是一个客户端和服务器端请求和应答的标准，是用于从万维网服务器传输超文本到本地浏览器的传输协议，它可以使网络传输减少，使浏览器更加高效。

但HTTP协议传输的过程中，数据都是未加密的，因此使用HTTP协议传输隐私信息非常不安全，于是HTTPS诞生了：以安全为目标的HTTP通道，也就是HTTP的安全版。HTTPS协议的主要作用可以分为两种：一种是建立一个信息安全通道，来保证数据传输的安全；另一种就是确认网站的真实性。

当我们上网时如果有HTTP和HTTPS的两种访问选择，我们应当首选

HTTPS的网站进行访问，这样在安全上便给我们加上了一把无形的安全锁。

我们知道了HTTPS能够加密信息，以免敏感信息被第三方获取，所以很多银行网站或电子邮箱等安全级别较高的服务都会采用HTTPS协议，他们会将数据加密后再进行传输。

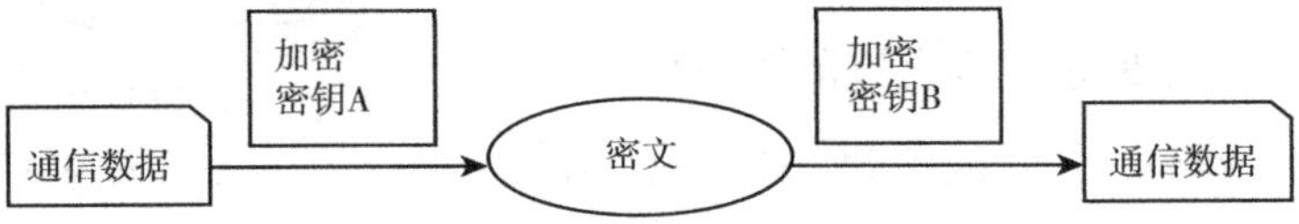

2.4 便携的电信网

2.4.1 处处可见的电信网络

电信网络是电信系统的公共设施，是指在两个和多个规定的点间提供连接，以便在这些点间建立电信业务和信息的节点与链路的集合。

随着科学技术的发展，通信方式越来越多。除了一般的电话、电报外，又出现了移动电话、寻呼电话、电视电话、用户电报、图像文件电报、用户传真、数据业务，以及由这些终端设备综合而成的办公自动化系统，将来可能还有新的突破。如果把全世界看成一个整体系统，那么分布在世界各地的城市就是一个个信息处理中心，而支撑这个信息中心的就是各种电信网络。

2.4.2 蜂窝移动通信

移动通信有很多种类，比如说，蜂窝移动通信、卫星移动通信、集群移动通信、无绳电话通信等，但目前使用最多的是蜂窝移动通信，它又称为小区制移动通信。这种通信的特点是把整个的网络服务区划分成许多小区（cell，也就是“蜂窝”），每个小区设置一个基站，负责本小区各个移动站的联络与控制。移动站的发送或接收都必须经过基站完成。

蜂窝移动网络的发展非常迅速，几十年间就从最开始的1G网络发展到了即将普及的5G网络。

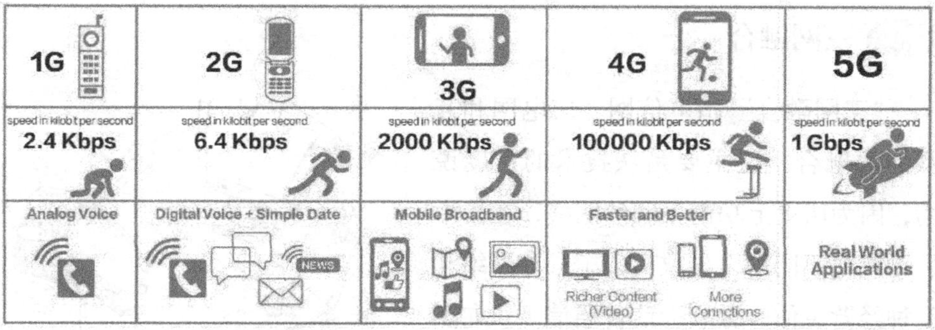

第一代移动网络（1G）于20世纪70年代后期诞生，并在数年后传播至全球。1G采用了模拟数据传输（例如，AM/FM无线电），虽然轻松可得，但不可靠也不安全。它的最大速度略高于2kbps（每秒千比特），仅够容纳几行文本。截至2018年，世界上最后一个1G网络仍在俄罗斯继续运营。

第二代蜂窝移动通信（2G）于20世纪90年代初问世，并为我们提供了数字语音传输、短信服务（SMS）和多媒体消息服务（MMS）功能。它的最大速度可达200kbps，比1G要快得多，但与今天相比仍然相当慢。这一代数据的安全性略有提高，但稀疏的网络覆盖导致了昂贵的漫游费用和经常出现掉线情况。

第三代蜂窝移动通信（3G）出现在21世纪前十年中期，它让我们实现了移动互联网，从而加速了智能手机在全球的普及。数据传输速度急剧提高至约40Mbps（兆位/秒），是2G的200倍以上。分组交换及通用分组无线业务（GPRS）也帮助实现了移动互联网所需的更快速度。

第四代蜂窝移动通信（4G）在2010年左右投放市场，目前是全球使用最广泛的移动技术。它的出现将智能设备融入我们的生活中。4G网络的平均下载速度高达100Mbps，使我们能够下载高清视频文件、畅玩激烈互动的3D游戏、在线听音乐、虚拟现实以及其他诸多服务。

在从1G到4G的发展中，移动通信的每一次更换时代都解决了当时最主要的需求。目前，随着移动互联网和物联网的蓬勃发展，需求再次激增，4G已经变得越来越拥堵，5G技术也全面启航，之后我们将详细讲述5G带来的变化。

2.5 三网融合

“三网融合”指电信网、广电网和互联网的融合。这主要是从技术的角度说的，因为历史上功能不同的网络，在技术上是完全不同的，导致出现了三种网络和三种经营主体，分别为话音通信（双向点对点）、视频（单向广播）和数据（双向，计算机产生的数据）。

“三网融合”是一种广义的、社会化的说法，在现阶段它并不意味着电信网、计算机网和有线电视网三大网络的物理合一，而主要是指高层业务应用的融合，其表现为技术上趋向一致，网络层上可以实现互联互通，形成无缝覆盖，业务层上互相渗透和交叉，应用层上趋向使用统一的IP协议，为提供多样化、多媒体化、个性化服务的同一目标逐渐交汇在一起，通过不同的安全协议，最终形成一套网络中兼容多种业务的运维模式。

2.6 新鲜的5G网络

2.6.1 什么是5G？

5G是指第五代移动网络，它可以提供更快的上传和下载速度，覆盖更广，连接也更稳定。它旨在扩展现有的4G蜂窝网络，与之前的四代移动网络相比，5G网络在实际应用的过程中表现除了更加强大的功能外，其传输速度在理论上每秒钟能够达到10GB。同时，5G服务还大大缩短了延迟，而且覆盖范围可以扩展到偏远地区。

相比4G，5G不仅是速度更快，有

了更强大的5G以后，虚拟现实、物联网、人工智能、智慧城市，超清视频等一系列应用都将迎来广阔的应用空间。5G还意味着更大的网络容载能力，它还是万物互联落地的基础。5G网络将支持：每平方公里100万个连接设备，网络延迟仅仅为1ms，并提供高达10Gbps的峰值数据下载速度。

目前，在世界大部分地区，5G仍处于建设阶段，5G的那些独特服务包括千兆连接、超低延迟和大规模IoT连接都还没被广泛的商业化普及。因此，2021年仍是5G奠基的一年，5G网络将在2022年及以后广泛应用。

2.6.2 5G的应用有哪些?

5G启动商用以来，中国已建成全球最大规模的5G网络，从数据上看，2020年5G在中国得到了全面而迅速的发展：我国累计建成5G基站超70万个，推动共建共享5G基站33万个；2020年1月至11月，5G手机占手机市场出货量的51.4%；国内实现所有地市5G覆盖，5G用户连接数超2亿。

使用5G的消费者将会享受到更快的下载速度、更短的社交媒体缓冲、4K手机游戏以及增强的虚拟现实体验。当然，5G的用例远不止于消费领域。使用5G能够即时传输大量数据，从而几乎无缝地连接数字世界与物质世界，应用在各个行业。

交通运输业：借助实时连接，5G可以通过探测驶近的车辆数，来帮助交通信号灯更有效地管理十字路口。5G速度的不断普及也有助于边缘设备的5G优化，如自动驾驶汽车便可以与其他车辆进行通信并实现自行驾驶。

医疗行业：医生可以使用虚拟现实技术在异地对患者展开远程治疗。利用人工智能（AI）即时访问大量医学数据，将帮助医务人员更快、更准确地进行诊断和制订治疗方案。

农业：到2050年，农民需要用今天养活78亿人口的土地来养活98亿人。5G可以通过引导自动农用设备（如拖拉机和收割机）来提高效率，并操作无人机来检测植物健康状况、土壤质量和湿度变化，并精确施用所需的农药、水或肥料。

公共服务行业：5G可通过简化警察、救护车和消防部门之间的协调工作，让紧急服务更加高效，位置信息会更加准确，即使是在农村地区，急救人员也可以迅速定位目的地。在灾难响应中，救援人员可以更快地确定中心区域并提供更全面的援助，使应急救援更加高效。

2020年，5G基站的快速部署为中国在2021年抗击新冠肺炎疫情做出了重大贡献。连接5G网络的摄像头可以在人群密集区域监测体温，如机场、火车站、购物中心和菜市场等。从长远来看，5G设施也将在降低疫情对经济的负面影响和促进可持续增长方面发挥重要作用，将为我们带来更加便捷和智能的生活。

3 你了解常用的网络设备吗？

3.1 网络中的快递员——交换机

为了更好地介绍交换机，我们可以先引入集线器。它与交换机功能一样，集线器也可以将几台电脑连接起来，但实际上还是有区别的。

打比方来说，集线器就像是一个笨笨的快递员，当存在三台电脑时，假如第一台电脑想要给第三台电脑传递信息，集线器就会问第二台和第三台计算机谁要接收这条信息，第二台机器说它不需要，第三台机器说它需要，此时集线器就会将信息传递给第三台计算机。

相对来说，交换机就是一个聪明的快递员，当它接收到信息后，会直接发送给第三台机器。

再比如说，当我们入住楼房时要将总水管分出多个支流，以供每户使用，分出支流就是交换机的职责，它能让多个电脑通过一条网线连接网络。

交换机的功能是让你的电脑和别人的电脑可以进行联络，主要目的是通信，本质上是一种网络设备。其实交换机也算是一种电脑，它与电脑有类似的零件，也有普通电脑具备的操作系统，甚至是软件功能。

单层交换机

多层交换机

网络设备工作层次是对应着OSI（开放式系统互连）参考模型的，工作层次越高，设备档次也就越高。交换机也是如此，随着技术的发展，交换机从第二层变成有机会工作在第四层。现在根据协议层的分类主要有：第二层交换机、第三层交换机和第四层交换机。

（1）第二层交换机。

第二层交换机因为只能工作在OSI模型的数据链路层而获名，它可以物理编址、错误校验、帧序列以及数据流控制。桌面型交换机就是这一类型，由于它的工作较为简单，并且在网络最底层，因此基本的数据链路功能就足够了。第二层交换机在小型企业和中型以上企业网络的桌面层次应用较广，也是最普遍的。

（2）第三层交换机。

与第二层交换机的命名相似，第三层交换机是因为工作在OSI模型的网络层而命名的，它相对于第二层交换机来说档次更高。由于第三层交换机在网络层工作，故具备路由功能，普遍应用于大中型网络中。

（3）第四层交换机。

第四层交换机在OSI模型的传输层工作，能面对具体应用。第四层交换机的技术明显优于第二层以及第三层交换机，第四层交换机还具备较好的稳固性。

3.2 网络中的通信员——路由器

为了知道什么是路由器，我们先来引入路由的概念。路由就是将数据从发送方传递到接收方的一种行为，路由器的存在就是执行这一行为。路由器能够将多个网络以及网段中的网络设备进行连接，同时“翻译”这些网络或网段中的信息，让它们能够“读懂”对方的信息，以达到形成一个更大网络的目的。

路由器的功能是让网络可以共享，实现多人上网。它的本质就是为信息流选择最佳路径的路由设备。路由器就像是指挥交通的“警察”，是网络互联的纽带。

路由器主要由输入端口、输出端口、包转发或交换结构部分以及路由计算或处理部分组成。

输入端口：让物理链路和输入包进入的端口。

包转发或交换结构部分：路由器的转发机制在一定程度上影响路由器的性能，常见的转发方式有进程转发、快速转发、优化转发以及分布式快速转发。常见的交换结构有总线型、共享内存型以及Cross-bar空分结构型。

路由计算或处理部分：接收和发出路由的信息，计算对应的路由表，提供依据给转发数据包。

输出端口：发送包到输出链路之前，先存储包，根据相应的调度算法，实现优先等级要求。

3.3 网络中的守门员——防火墙

防火墙原有的含义是当火灾发生时可以进行阻拦的建筑。由此可以类推，网络防火墙的作用是预防各种网络病毒侵入你的电脑。但实际上，网络防火墙和建筑防火墙还是有所区别的，网络防火墙会规定人们在一个特定的控制点进入或离开，能有效预防入侵者靠近你的防护设备，也能在一定程度上阻止入侵者对电脑进行破坏。

防火墙是介于服务器和互联网两者之间的一个访问审查系统，它与护城河有着相同的作用，将不安全的外部网络阻拦在外。互联网的主要任务是对内外网之间的交流数据进行核查，当数据是安全的就“放行”，当数据不安全时就进行“阻拦”。

通常来说，服务访问规则、验证工具、包过滤和应用网关是防火墙的主要组成部分。

访问规则是构建防火墙时最开始要考虑的部分。访问规则就是防火墙认为什么信息是安全的，什么信息是不安全的，如果访问规则是科学合理的，那么会大大增加防火墙的有效拦截。

验证工具主要对每条访问数据进行探测，会审核每条数据的访问请求，每条数据都会有自己的“身份信息”，当验证工具检查到数据的“身份信息”不合理时就会阻拦，合理时就会放行。

包过滤会执行拦截行为，它在网络层将数据包拦截下来，分析、选择数据包，对数据包的每个信息进行核查，判断拦截的数据包是否安全，如果安全则可通过。

应用网关的主要功能是在应用程序和服务器程序之间对信息进行过滤以及对信息的访问进行核查。它是以软件为基础的，根据网络应用协议制定数据过滤逻辑。当内部网络想要与外部网络进行连接时，会发送请求，应用网关就会在内网和外网间建起逻辑屏障。如果连接请求符合规定，请求就能在应用网关的作用下协议转换，建立起内网与外网的逻辑连接。

3.4 网络中的服务员——服务器

服务器本质上也是一种计算机，它是一种性能更高的计算机，可以给客户端计算机提供某些服务。服务器在操作系统的作用下可以把与其相连的硬盘、打印机、专用通讯设备等共享给网络上的客户站点，同时也可以提供给网络用户数据管理、信息发表等服务。

经过前面的介绍，我们可以看出，服务器也是一种计算机，只不过是可以提供共享功能的一种计算机。高速度的运算能力、长时间的可靠运行以及强大的数据吞吐能力等都是它的高性能所在。

服务器还可以提供文件服务、网页服务、域名服务等，它的本质就是提供服务。实际上，每一个服务器都有自己对应的IP，当我们用HTTP协议进行访问时，首先要输入域名，然后DNS解析域名，将其变为对应的IP。

服务器听起来看似一个很复杂的“角色”，其实与我们在日常生活中用的手机和电脑在硬件上的结构大同小异，但服务器的一些部件性能还是比较强大的。将计算机比作人类的话，服务器就是拥有专业技能的人类，如医生、警察等。

了解了服务器是什么，那么服务器大概可以分为哪几类呢？下面我们从两个方面对服务器进行分类。

如果按照应用层次来划分的话，服务器主要有入门级服务器、工作组服务器、部门级服务器以及企业级服务器这四种类型。

（1）入门级服务器：主要提供完成文件和打印的服务，普遍应用于小部门办公。

（2）工作组服务器：网络规模较小，当应用不是特别复杂，不需要管理大型数据库时，则可以应用。

（3）部门级服务器：可用性、可靠性、可扩展性以及可管理性都比较高，主要应用于中型企业的网络站点或数据中心等。

（4）企业级服务器：数据处理能力较强，主要应用于对数据处理速度及可靠性要求很高的大型企业。

如果按照外形划分的话，服务器又可以划分为机架式服务器、机柜式服务器、刀片服务器以及塔式服务器这四种类型。

（1）机架式服务器：这种服务器的尺寸较小，可以在机柜中放多台，是现在销售数量最多的类型。

（2）机柜式服务器：内部结构较为复杂，设备偏多，有时一个机柜中可能具有许多不同的设备单元或者几个服务器。

（3）刀片服务器：密度很高，在一定程度上节省能源，可以实现集中管理，能够快速部署。

（4）塔式服务器：密度低，易于冷却，具有成本效益，但占用大量物理空间。

3.5 网络中的智能机器人——智能终端

含有微处理机，同时可以进行输入、输出、对信息进行存储以及信息处理操作的终端，称为智能终端。常见的智能终端有自动售票机、ATM柜员机等。

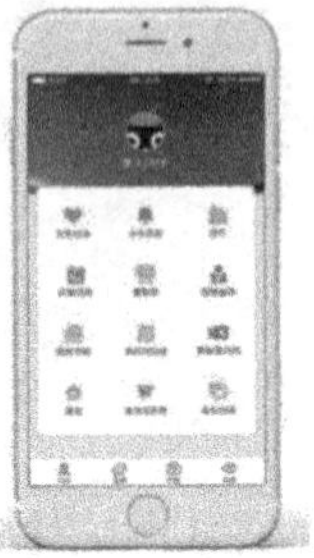

下面我们将从移动终端和物联网终端这两方面来深入了解一下智能终端。

移动终端，顾名思义就是在移动时也可以使用的设备。手机、笔记本、POS机以及车载电脑其实都属于移动终端，但我们一般将智能手机或者笔记本电脑这种应用功能比较多的设备作为移动终端。

最开始时，移动终端只有打电话、发短信这种简单的功能，但现如今已发展成功能丰富的智能终端了。现在人们的日常生活已离不开移动智能终端，它已经成为我们和外界传递信息的重要通道。

我们已经大概了解了移动终端，下面让我们来看它有哪些特点吧。

（1）在硬件体系上，移动终端是一种具有通信功能的小型计算机设备，它有着与计算机相差无几的硬件体系：中央处理器、存储器、输入部件以及输出部件。

（2）在软件体系上，操作系统是移动终端不可或缺的部分，如Android、iOS等。

（3）在通信功能上，移动终端的接入方式比较灵活，同时支持高宽带通信性能，当我们选择不同的业务或处于不同的环境时，它也能随机应变，调整通信方式，让我们可以更好地使用。

（4）在功能使用上，人性化、个性化以及多功能化是移动终端的特点。

物联网终端可以在物联网中将传感网络层和传输网络层连接起来，并且能够进行数据采集以及将数据传递给网络层。物联网终端的主要功能有采集数据、初步处理、加密以及传输等。一般来说，物联网终端常处于异构网络环境中，当终端能感应场景变化，并根据变化，经过判断，为我们提供最优的服务时，会让我们的使用感受变得更好。

外围感知接口、中央处理模块以及外部通讯接口是物联网终端的主要组成部分。外围感知接口和相应的传感设备进行连接，收集并读取传感设备中的数据，然后传递给中央处理模块进行相应的处理，最后根据网络协议，传递给外部通讯接口发送给以太网指定的中心处理平台。

物联网终端根据使用扩展性来划分的话，主要有以下两种：

（1）单一功能终端：这种终端的设计比较简单，只要满足一种应用的部分扩展即可，只能在规定的场合下使用，不能根据应用的变化对其功能进行改变。由于这种终端的功能唯一，故其成本也比较低，标准化起来也比较简单。常见的此类终端有：汽车监控用的图像传输服务终端、物流用的RFID（射频识别技术）终端等。

（2）通用智能终端：这种终端就不同于单一功能终端，它的设计比较复杂，有更多的外部接口，能够应用于两种或者两种以上场景。它能够经过拆卸内部硬件模块或者对内部软件、参数进行再设置，改变成为适合其他场景的终端。但是由于这种终端开发起来比较困难，制造的成本也偏高，故在市场上并没有普及。

生活篇

如何面对这纷杂的网络

第六章

[illegible]

4

网络安全中的“窥探者”

4.1 你还是你吗？（盗号）

“昨天上午，一位熟悉的朋友发微信说手机因为刷机导致通讯录清空了，询问我的手机号码，告知后又让我将刚收到的验证码发过去，理由是重新登录微信需要好友的验证，我没有怀疑便发了，结果当天下午便有十几个朋友纷纷打电话问我怎么需要借那么大数额的钱，是不是出什么事情了？我纳闷自己并没有联系过这些朋友，更没有借钱，便猜测可能是微信号被盗了，打开微信，发现账号已经被迫下线，重新登录系统显示密码错误。我打电话问上午联系我的朋友，朋友也说自己微信前天就被盗了，同样是和我一样发了验证码给朋友。于是我立即操作找回自己的账号并修改密码，也及时告知朋友们之前是账号被盗，不要轻信借钱信息，注意这种验证号盗号的诈骗手段。”

用户的QQ、微信、微博等账号被盗的主要原因：

（1）用户在手机端或者电脑端点击了不安全的网页或链接，导致设备中毒并被他人操控。

（2）用户的QQ、微信和微博等账号和密码绑定了第三方网络应用软件，第三方安全性不强，导致账号和密码泄露。

（3）用户在QQ、微信和微博等社交平台发布信息或交流评论时，发布的文字或图片带有明显的个人信息，容易被别有用心的人猜测破译密码，导致账号被盗。

如何有效防范个人信息在社交媒体泄露

（1）关闭终端定位功能。在社交平台发布消息时不要轻易添加位置信息。

（2）关闭应用程序自动获取通迅录的权限，避免自己通讯录的朋友信息泄露出去。

（3）账号绑定手机号码或邮箱。通过绑定手机号码或邮箱，可以帮助找回被盗账号，及时修改密码，以减少损失。

（4）增强账号密码的复杂度。不要直接用简单数字（如123456、666666等）、生日、电话号码、身份证号等一些与个人信息相关性较强的数字作为密码。

（5）不要轻易点击不明链接、网页等。涉及金钱交易时，要注意通过电话与交易对象本人进行确认，特别要警惕要求输入账号、密码或验证码的情况。

（6）对异常情况保持警惕。要警惕是否有绑定手机被修改、密码被修改、好友莫名增加或减少、相册照片增加或减少、账号异地登录等异常情况发生。此时可能存在盗号风险，应及时与运营商联系。

（7）社交账号尽量减少与第三方应用软件的绑定，第三方的未知风险存在太多。

4.2 网购风险知多少

网络购物有着无与伦比的便利性：买家可以在不出门的情况下多方对比

选购，购买后商品可以很快寄回家；卖方可以将货物销售到全国甚至全世界，而无须到处租用场地和雇用大量销售人员……网络购物不仅方便了个人，而且交易过程中产生的数据记录还为国家的数据统计与管理带来了便利。

在国家相关政策的大力扶持下，我国的网络购物行业发展迅猛，2013年起，我国的网络零售额位居世界第一。网络销售的商品包揽了以往线下实体销售的所有种类，有些商品甚至只能在网上才能购买。随着互联网特别是移动互联网和电子商务的蓬勃发展，网络购物以其方便快捷的优势成为消费者的首选购物途径，然而与此同时，许多消费者个人信息泄露的现象也是层出不穷。

2015年8月，一名王女士向广州警方反电信诈骗专线报警，称其在网络上购物被骗了9200元。王女士解释说，她在网上购买二手手机，与客服联系之后，客服要求她需要先支付款项，然后再发货，所以她通过网上银行转了3200元给对方的银行账号，之后便接到冒充快递公司客服的电话，对方以计算机系统故障、账户冻结的理由，要求王女士撤销订单并重新下单。王女士没有怀疑，于是再次向对方账户转账6000元，但转账后就联系不上对方了，这才反应过来被骗了。

2015年6月，刘先生在网上订购了一双鞋子，订单支付后，第二天不想要了，于是申请退款，并通过和客服对接，在线上完成了退款流程。但是当天晚上，刘先生突然接到自称“客服”的电话，以系统故障为理由，让刘先生按照对方说明的另一种方式完成退款，对方还准确地说出了刘先生购买鞋

子的下单时间、单号、商品名称、收货人姓名及地址等。刘先生深信不疑，打开了对方发来的退款页面，并按提示操作，输入了自己的银行卡号、身份证号码和绑定的手机号码。随后刘先生便收到了银行发的短信提醒已消费14500元。刘先生多次与网上店家客服沟通，客服表示未透露过客户信息，并且拒绝解释与赔偿。

无奈之下刘先生进行投诉。经调查发现，由于该电子商务网站存在漏洞，不法分子利用漏洞窃取用户个人信息，然后假装客服实施了诈骗，随后，在各方的积极配合下，终于将该犯罪团伙抓获。

我们在享受网络购物带来便利的同时，也要注意防范其中的陷阱。网络购物存在的风险主要有以下几种：

（1）交付问题。在网购时很有可能会遇到商品因为各种原因而无法按时交付的问题，如货物有可能在运送途中丢失；也会遇到交付的商品错发了或因异地送货造成商品损坏，如果消费者在签收之前没有验货，则很有可能导致退换困难甚至无法退换。

（2）质量问题。购物买到的商品与网上店铺宣传介绍的相差甚远，甚至是假货，这类情况层出不穷。

（3）付款风险。网上购物时，使用不正当的途径付款有可能造成货款丢失，甚至会因此造成绑定的信用卡信息泄露。

（4）隐私风险。网上购物需要填写相关的个人信息，包括电话、住址等，这些个人隐私很可能被人获取利用，并非法出售给个人或公司。

如何规避风险，保证网络购物的安全

（1）选择正规的购物网站与店铺。购物网站和店铺的选择不能随意，正规的网站平台能更好地保障购物的安全；正规的网络店铺都有卖家信誉信息，以及对产品质量的评价、评估等，这些信息可以帮助我们判断商店信誉。

（2）不要回复卖家私下的各类短信邮件。部分买家在购物后仍保持与卖家的私人联络，这样很可能会陷入不法卖家精心设计的陷阱，如好评返现或者刷单等，既不合理又存在诈骗的风险。

（3）选择安全的付款方式。如果发现付款有问题，可立即提出质疑，并在问题解决之前拒绝付款。如今付款方式多种多样，相对而言，第三方担保的付款方式较网上银行支付、汇款等方式更为安全。一旦损失，也可通过第三方追回。

（4）保留交易的凭证。网上购物时，应该注意保存交易记录和资料，如电子邮件、聊天记录等证据，以及电子交易单据。注意对贵重物品进行验收，检查有无质量保证、保修凭证等，同时注意索取发票或收据，以便退货时保障自己的合法权益。

（5）收到商品及时检查。检查商品是否与订单一致，质量是否完好，消费者要时刻保持维权意识，如果发现问题应该立即与平台取得联系，进行后续退换货处理。

（6）正确处理快递包裹。用湿纸巾、美工刀或者记号笔等工具将包裹上的个人隐私信息消除。

4.3 你的信息已经泄露了

你的父母是否遇到过类似下列电话或短信？

“您好，我这里是×××培训中心，了解到您的小孩正在上中学，我们这里有多位资深、优秀的老师可以提供各科课业辅导……”

“您好，我这里是×××装修中心，

店里派送大福利，您买的 ××× 小区的新房交给我们装修绝对划算……”

“您 ××× 小区的 ××× 号房子是否考虑出售？我跟您说，我这儿有真心的买家，他可以出比市场价高……”

【××××派出所】“您好，我是 ××× 派出所的刘警官，您的 ×× 银行的账号 ×× 已被犯罪分子盗用了，为了保障您的财务安全以及配合我们办案，需要您立刻把资金转到安全账号……”

【××××奶粉店】“坚持天然，关爱一生。×× 奶粉，就在家门口，更好守护您和新生儿的健康……”

【××××栏目组】“恭喜您中奖啦！您已经被 ×××× 栏目组抽中一等奖，奖品为100000元现金以及苹果电脑一台，验证码 ××××，请及时登录某网站填写信息并领取奖品……”

在我们身边，经常会发现自己的个人信息莫名其妙地泄露了。例如，刚刚办完购房的手续，就会有很多装修公司主动找上门来；家里小孩刚刚上高中，就有许多辅导机构推销各科名师辅导课程……这些从未见过的“熟人”不仅知道你的姓名、电话号码、身体状况，甚至你的银行账号、家庭成员等更加私密的信息也不可避免地被他人得知。

哪些途径有可能泄露个人信息呢？除了因计算机设备存放不当、计算机系统受到攻击等技术因素造成的个人信息泄露外，生活中许多无关紧要的行为也将会留下的个人信息泄露。例如，填写一些会员注册单、网络购物订单时，都需要留下姓名、电话、住址等个人信息。除了这些明显的个人信息外，网站可以记录用户的长期浏览情况，进而分析该用户的兴趣爱好；智能手机可以随时记录用户的位置，进而分析该用户的主要活动范围；即使是睡觉时也不例外，用户佩戴的智能手环会不断地为服务器传送个人的心跳、睡眠情况等信息……如果把这些信息收集起来并进行相应的整理，就有可能获得关于用户身体的多方面信息。

如何防范信息泄露

（1）不要随便透露个人真实信息，在使用各类网络账号时，除了不可避免的“实名认证”之外，尽量不要在社交平台上暴露个人真实信息和私密信息。

（2）密码设置不要过于简单，最好不定期修改网络账号的密码，不要将生日和手机号码设置成密码，不要在不同账号上都使用同一个密码。

（3）手机和平板不要随便连接公共WiFi，不要用手机随便扫描二维码，不下载、安装和使用来历不明的程序软件。

（4）在电脑上使用浏览器时，可以开启“无痕浏览”，或者在选项中稍加设置——可以选择“退出浏览器时，自动清除浏览痕迹”和“一律不保存密码”。

（5）废旧手机和电脑，不能随便丢弃和售卖。在更换设备时，建议使用专业软件对原来的设备采取格式化、删除分区、清除用户数据、恢复出厂设置等处理。

（6）尽量使用正规、信用好的网络平台，使用前仔细阅读网站的个人信息保护规定，个人信息的填写不要太过详细。

现如今，越来越多的设备如电视、冰箱、空调等不断实现智能化、网络化，网络互联演变成为万物互联时代。利用信息网络可以根据个人的喜好提供个性化服务，与此同时，更多更全面的个人信息与网络相互连接。如何在保护个人信息和享受创新便捷的服务之间找到平衡点，是一个长期的话题。国家需要不断完善法律法规，企业需要不断提高安全能力和自律意识，个人也更需要不断成长。

5 提防网络世界的陷阱

5.1 真假二维码

现在人们都已经习惯了通过扫描二维码进行一定的操作，却不知道简单方便的二维码背后很可能隐藏着“陷阱”。二维码扫描是目前被商家广泛使用的营销方式之一，但同时也给了犯罪分子可乘之机。部分手机理财软件设立极低的注册门槛，只要有一个人的身份信息，不需要本人认证就可以代为操作，如注册账户进行理财。某些不法犯罪分子以扫码送礼为由，骗取用户信息，并为其开立金融账户进行贷款。

在大街上或景点入口处，有人拿着纸巾、花环、扇子等小礼物来找你。只需扫描他们手中的二维码，下载一个应用，注册新用户，就可以免费获得礼物。如果你照做了，在你拿到小礼物的同时，不法分子也拿到了你的信息。

某日，李小姐在景区游玩时，遇到一位推销员，她说可以通过扫描二维码免费赠送小礼物，李小姐发现赠送的彩色发卡恰好是自己喜欢的款式。她拿起手机扫描了二维码，并在推销员指导下填写了自己的姓名、手机号和身份证号等关键信息。回家后，李小姐收到了一条银行借记卡信息，莫名其妙地花了1228元。李小姐仔细回忆发现当天并没有符合该金额的消费记录，到银行查看这笔钱的交易时间是扫描二维码后的5分钟，于是报警。

上海的唐女士像往常一样打算出门骑共享单车到达地铁口后去上班，但是扫描车身二维码后手机却显示：上次没有规范停车，无法正常开锁。匆忙中，唐女士按照手机界面提示联系到了一个区号为019的“客服人员”，唐女士随即在“客服人员”指导下进行了一系列的操作。操作结束后不久，唐女士便发现自己微信发生了2000的转账支出。交易记录显示这笔钱被支付给了云南的一家超市。当唐女士再次拨打了服务电话，对方却矢口否认。

如何防范二维码扫描诈骗

（1）在扫描二维码之前，一定要提高警惕，细心辨别二维码是否被替换、粘贴或涂改。扫描正规二维码后一般会进入正常使用模式，而不会跳转至支付页面。一旦扫码后弹出异常界面或付款页面，需要警惕。

（2）扫描二维码时，会提示输入支付密码，但不要随便输入。如果真的要转账，一定要仔细核实收款人和金额是否正确。

（3）关闭“小额免密支付”。免密支付看起来很方便，但实际上存在很大的安全风险。如果你打开后不小心扫描了骗子的二维码，且金额很小，钱就可能会直接汇到骗子的账户上。

对于扫码登记填写身份证号的行为，要尤其谨慎。正规商家推出的扫码送礼活动，其目的在于通过关注微信公众号引流，提升用户流量。但在街头扫码需要登记身份证号、银行卡号等信息的推销，存在一定安全风险，不要被小礼物欺骗而损失了更大的利益，给不法分子可乘之机。

5.2 “爱豆福利”来了

为喜欢的偶像线上打榜、刷数据、控评；参加线下应援；购买周边福利产品……“饭圈”渐渐成为文化现象之一。青少年有喜欢的正能量明星并为之努力，原本是美好且值得鼓励的事，喜欢同一个明星的伙伴们组建一个群组也是可以理解的。但随着“饭圈经济”的发展，一些不法分子将目光聚焦在了青少年粉丝群体上，利用粉丝对偶像的崇拜心理实施诈骗，甚至专门创建特定的“粉丝群”实施诈骗等违法犯罪活动。

小学生小张在网上看到了充值10元话费，即可领取偶像的签名照的消息。小张联系了自称是明星经纪人的信息发布者，并成功充值。但对方说由于是未成年人操作支付，导致其账户6万元被银行冻结，随后还恐吓称小张会因此坐牢。为了避免小张向长辈求救导致事情骗局被拆穿，对方声称如果此事被家人知晓，不仅要赔偿6万元，全家人还要和他一起坐牢。受到惊吓的小张偷来了爸爸的手机，按对方的要求进行了多次转账，共计8000多元。

某粉丝群中的网友以“评选年度最具热度流量明星”为由，将刘同学拉入另一个QQ群中。新的群里正在进行“粉丝回馈活动”：“这次是专属粉丝的福利活动，是充值200元返现400元……充得越多，返现得也越多。”单纯的刘同学信以为真，偷拿父母的手机，陆续地给对方转了数万元。随着投入的金额越来越多，刘同学发觉了事情的异常并要求对方退款。这时对方声称

押金已经冻结，如果想解冻，还需缴纳“解冻费”……随后，刘同学用父母的银行卡，继续转账，加上前面“充值”的钱，刘同学总共向骗子转账十几万元，直至无钱可转被骗子拉黑。

如何防范“追星”骗局

（1）坚持不轻信、不透露、不点击、不转账的原则，平时多关注反诈骗和反诈骗知识，并接触和掌握一些反诈骗的信息和技巧。

（2）即使涉及自己喜欢的明星也要保持理智，坚信天上不会掉馅饼，不要有不劳而获的心理，坚信无缘无故的返利都是骗局。

（3）购买明星照片，一定要通过正规平台购买，不轻信网络上平价福利，同时注意理智“追星”，在自己的消费范围内理智消费。

5.3 假网站真“钓鱼”

目前，一种称为网络钓鱼的新形式的网络诈骗变得越来越激烈。钓鱼网站是指欺骗用户的虚假网站。钓鱼网站页面几乎与官方网站没有区别，且域名非常相似。不法分子通过创建虚假银行网站，引导用户在该网站输入账号、密码，进而窃取用户信息，甚至盗用用户银行卡的存款。

2014年7月以前，百度搜索“河北省辛集市人力资源和社会保障局”官方网站，排在最前面的是一个网址为“www.xjrs.net”的网站。这个网站和一般的政府网站没有太大的区别，不仅新闻界面更新及时细致，还具有认证标识和备案编号。

此外，该网站还受理关于人力资源资格认定的申请。如果没有仔细辨别，该网站就很容易被当成正规的政务网站，但当网民拿着在该网站成功申请的证书去参加应聘时却被质疑是假证书。后经警方查明，该网站是虚假的政务网站，通过办理

虚假职业资格证书非法牟利。

“在游戏公屏上看到广告，声称只要充值50元就能换取价值上千元的游戏道具，与发广告的人取得联系后，被引导到了一个充值网站。客服说首次充值要预先充950元激活账户，激活后可以退还。我在该网站进行了充值，但后来不仅没得到返回的钱和游戏道具，就连发广告的人都把我拉黑了。”网友小张向记者称遭遇游戏充值诈骗，损失了1000元。

如何防范钓鱼网站

（1）不要点击广告弹窗，收到莫名其妙的邮件链接等。

（2）不要轻信低价网购，谨防低价诈骗。不要轻信中奖、促销等信息，不要相信未经有效渠道确认的信息。

（3）通过网址区分非法网站，网址是网站的访问路径。即使页面模仿得再相似，网址也不可能做得一样。

（4）充分利用聊天软件的反钓鱼功能。反钓鱼功能会在链接的前面显示一个信任图标，绿色打钩图标代表该网站可信任，而有问号的图标最好不要去点击。

（5）把常用网站放入收藏夹。把它们常用网站添加到浏览器收藏夹中，尽量不要从其他网站或者搜索引擎中直接进入，可以在很大程度上降低误入钓鱼网站的风险。

（6）使用专业产品工具屏蔽恶意网站、钓鱼网站。很多杀毒软件都具有反钓鱼功能，一旦误入了一些钓鱼网站，软件就会自动弹出警告和提示。

6 与网络空间保持距离

6.1 网上冲浪带走了什么

网上冲浪已经成为当今社会的一种生活方式。在大街上、地铁中、商场里，随处可见拿手机的“低头族”，他们完全沉溺在虚拟的网络世界，对周围的一切视而不见、充耳不闻。长时间玩手机会带来很多危害。首先，就是身体健康受损；其次，自然是最令人担忧的安全问题，不少人为此付出了十分惨痛的代价。

2021年7月15日，宁波北仑，一辆大货车准备启动右转，前方视野盲区，一名小伙全程低头看手机。大货车车头右侧碰到小伙后，他才反应过来，转头看了一下，却没有立即跑开，随后被货车带倒。小伙连滚带爬从车轮下逃生，但左脚未免于难，不幸骨折。

随着近年短视频的迅速崛起，打开App就刷得停不下来的沉迷现象逐渐为社会所关注。其中，未成年人沉迷现象尤为严重，因刷短视频已出现不少极端案例。中国互联网络信息中心（CNNIC）第43次《中国互联网络发展状况统计报告》显示，截至2018年12月短视频用户规模达6.48亿，其中大部分为青少年用户。另据《中国青少年互联网使用及网络安全情况调研报告》，

20%的青少年“几乎总是”在看短视频，“每天看几次”的也接近10%。

听到欢快的《海草舞》，王女士却一点也高兴不起来。她的女儿正读小学三年级，以前偶尔会在放学后和节假日看一些短视频，主要是放松消遣，听听歌、看些搞笑短剧，也会学点创意手工。最初王女士并没有把孩子刷短视频这件事放在心上，甚至还鼓励孩子跟着短视频学跳《海草舞》。可没多久，王女士发现女儿花在短视频上的时间越来越多，“青少年阶段，正是爱模仿和广泛吸收各类信息的时期，容易被不良信息误导，”王女士担心，“即使内容没问题，天天捧着手机看，视力也会受影响。”班主任也反映：“有的孩子上课不听讲，对短视频内容却如数家珍，语文课组词造句，网络流行语脱口而出。”

延展阅读

2019年6月，短视频青少年防沉迷系统在全国推广，用户启动“青少年模式”后，只能访问青少年专属内容。进入“青少年模式”后，用户使用时段、服务功能、在线时长都将受到限制。

以抖音和快手为例，“青少年模式”开启后，用户每天使用时长不超过40分钟，而且晚上10点至早上6点无法使用。另外，无法开启直播和浏览同城页面，也无法进行打赏、充值、提现、直播等操作。这些功能只有通过输入密码，关闭青少年模式才能再度开启。用户选择“青少年模式”后，浏览内容也受到很大限制，只能访问APP推送的青少年专属内容，不能自己以关键词检索。在“青少年模式”下，抖音推荐多为书法、绘画、音乐、英语、数学、物理等教学课程。相较之下，快手的推荐内容更为庞杂，除教学类视频外，还有萌宠、运动、风景视频等。

网络冲浪的正确打开方式

（1）正确认识网络的作用。

网络是人类文明发展到一定程度的产物。青少年应该以正确的态度对待网络，正确看待互联网在学习和生活中的作用，认识到网络应该是为人们服务的工具。合理利用网络可以提高学习效率、开阔视野、丰富知识、提高综合素质。大家应该在全面正确认识网络的基础上，合理地开展每一项网络活动。

（2）合理安排上网时间。

对于青少年来说，学习是最主要的任务，而不是花费过多的时间在网上冲浪，因此对于青少年学生，应该科学合理地安排上网时间。除此之外，长时间观看电子屏幕对我们的视力也有很大伤害，建议一天上网最多不要超过2个小时，一天上网超过6个小时就可以算是“网虫”了。使用电子屏幕时尽量把亮度调低，可以下载护眼软件保护眼睛。建议使用一段时间手机或者电脑后，眼睛向远处眺望以缓解眼睛疲劳。

（3）浏览有价值的信息。

上网时建议大家多浏览一些有价值的信息，正确利用网络来寻求帮助，而不是盲目在网络上漫无目的地游荡。互联网上有非常丰富的学习资源，如学习软件、课程视频等，大家可以利用网络寻找对自己的学习和兴趣爱好有帮助的内容，但不要将时间都消耗在浏览明星八卦和玩网络游戏上。我们可以适当地进行娱乐活动，但要合理、不能无节制上网。

6.2 沉迷网络游戏害了你

网络世界是一把“双刃剑”，它在为人们带来便利的同时也衍生出许多问题。例如，有些青少年深陷在网络游戏的虚拟世界中不能自拔，这影响了其学业，摧残了其身心。有的人上当受骗，有的甚至伤害自己与亲人。

因父母忙于工作，12岁少年小李常常独自在家。为了方便小李点外卖、购买学习材料，其母亲张女士将自己的银行卡号及密码告诉小李。没想到，在家独处的小李逐渐对一款热门游戏着了迷。今年5月起，他陆续通过A平台向T公司充值1.7万多元，用于购买虚拟装备。张女士发现后，联系T公司和A平台，请求退还钱款，无果后，遂向长乐区法院起诉，要求T公司和A平台共同返还充值款。

12岁的小慧，原本是一名成绩优异的孩子，在小学阶段一直名列前茅，升入初中后开始沉迷看电子小说和玩手机游戏，成绩一落千丈，妈妈控制她的手机也不管用，小慧还自己攒了钱瞒着爸妈买手机，自控力非常差。如今因沉迷手机导致小慧形成厌学心理，小慧情绪异常暴躁难以自制，会因为一丁点儿小事和爸妈大吵大闹，甚至出现过自残行为。

网络游戏成瘾的原因有哪些

一、网络自身因素

网络游戏设计精美，视听效果逼真，情节精彩刺激、花样繁多、富有悬念、引人入胜，这对好奇心强、对新事物敏感且容易接受的青少年来说是一种巨大的感官刺激和诱惑。

二、个体因素

1.因缺乏自控力而陷入网瘾。

由于孩子自身的意志比较薄弱、自控力还不强，一旦投入网络游戏中，在网络游戏中获得的放纵和发泄的快感以及虚拟的成功带来的陶醉，会使还不能很好区分现实与虚拟差异的孩子，无法抗拒虚拟世界给他们带来的感觉，从而逐渐沉溺于网络游戏中。

2.为了获得满足感而沉湎于网络游戏。

每个人都渴望得到别人的尊重和欣赏。那些在学校里学习有困难的青少年，如果在生活中也很难得到社会、学校、父母的欣赏和肯定，他们则不能从现实生活中体验到被认可的快乐，这时他们可能会通过网络游戏宣泄压力、寻求满足感。

三、环境因素

1.因缺少与父母间的沟通而沉溺于网络。

很多父母习惯于用“强迫命令式”的教育方式管教孩子，不能站在孩子的立场理解孩子成长中的烦恼，只是用简单粗暴的方式对待孩子，久而久之，父母就会失去孩子的信任。孩子也会因为无法与父母沟通，情绪得不到释放、困惑得不到父母的理解和指导而选择沉溺于网络游戏。

2.因缺乏家庭的陪伴造成的网络成瘾。

孩子的成长需要陪伴，很多孩子在成长过程中没有得到父母足够的爱与关心，其内心的空虚会给他的学习和生活造成很大的影响，当孩子自己不能调解时，会把注意力转移到网络游戏中。

游戏虽好玩，也要适度

一、作为孩子，应提高自律意识，加强自我管理

1.处理好学习和娱乐的关系。

适当的娱乐能够带来精神上的放松，但是一直放纵自己沉溺其中，不管是对自己的身体还是心理都有非常严重的危害。所以孩子要时刻提醒自己，娱乐的时间要有一定的控制，学习应该是当前生活的重中之重，娱乐不能占据生活中的主要地位。

2.培养其他的兴趣爱好。

不要把自己的课余时间、学习以外的时间都交给网络，要多关注一下身边的人和事。应培养一些其他的兴趣爱好，如打球、轮滑、舞蹈等，扩大自己的精神世界，丰富自己的课后生活，这样你会发现现实世界比虚拟世界要精彩得多。

3.建立正确的社交观念。

游戏不是唯一让自己合群和得到他人认可的方式。有些时候孩子玩游戏是为了与玩伴或同学有共同话题，让自己融入集体。但我们应该认识到友情的建立有很多种方式，游戏只是其中的一种而不是唯一。

二、作为父母，应做好引导，以身作则

1.建立清晰的规则。

在游戏前，家长可以通过协商、引导、订立规矩，让孩子在整个过程中表现主动性和自制力。并且家长必须知道孩子在玩什么，并明确在哪儿玩、何时玩、玩多久。

2.自己不做沉迷者。

面对网络的强大诱惑，最难以改变的不是孩子的习惯，而是父母的习惯。如何正确处理娱乐与学习、生活的关系，需要家长做孩子的榜样，家长要以身作则，严于律己，自己不做沉迷者。

3.为孩子提供和现实生活连接的机会。

现实世界比虚拟世界精彩得多，家长应努力拓宽孩子现实中与外界交流的机会，如陪孩子一起运动、旅行、听音乐、参观博物馆，让孩子在学习之余接触到丰富多彩的现实生活，让他们掌握获得快乐的能力。

6.3 言论自由与网络暴力

《中华人民共和国宪法》明确规定，我国公民享有言论、出版、集会、结社、游行、示威的自由。人们可以通过互联网表达自己的看法和意见，如今，用网络带动、促进社会民主，成为我们发扬民主的一种新途径。网络言论自由在扩大社会民主、促进民主监督、缓解社会矛盾冲突、促进公民知情权的实现等方面发挥了非常强大的作用。但是，这并不意味着网络言论的自由是无条件、不受约束、不受限制的。一些人“滥用”网络言论自由，损害其他公民的隐私权、名誉权，扰乱社会公共秩序，损坏网络空间的公信力等，这些均给社会造成了极其恶劣的影响。

举世瞩目的东京奥运会已经正式拉开帷幕，奥运热门新闻多次登上微博热搜榜，奥运健儿第一时间通过微博和大家分享心情。与此同时，部分账号却在评论区对我国奥运选手进行恶意诋毁、侮辱攻击，造成恶劣影响。依据《微博社区公约》等相关规定，对涉事的33个账号做出禁言90天至180天的处置，同时清理攻击评论35条。

言论自由，需要“边界”来护航

网络是一个开放性的平台，人人都可以是信息的发布者和信息的转载者，但这并不意味着网络是一个不受控的平台。随着自媒体的发展和网络的日益发达，生活中的各种新闻事件涌向每个用户端口。面对各种生活热点，网民有评论和表达的自由，这是我国《宪法》赋予公民的言论自由权。但同时《宪法》也明确规定，公民在行使自己的包括“言论”在内的各项自由和权利时，“不得损害国家的、社会的、集体的利益和其他公民的合法的自由和权利”。网络是现实社会的延伸，但绝非法外之地。

自由从来都是相对的、有边界的，古今中外，概莫能外。网络言论必须恪守自由边界，不可任性为之。因为权利和义务永远是对等的，我们有言论自由的权利，但同时也肩负起了不得损害他人合法权利的义务。对他人产生的任何侵害，都需要依法承担责任。

作为网民，我们应该提升自己辨别是非的能力，遇事以理性、客观的态度去对待，不要情绪化地发表自己的看法。同时也要提升自己的道德素养与法律意识，不谩骂、诽谤、侮辱、恶意中伤他人，更不能侵犯他人的隐私权、名誉权。应坚决抵制有悖网络道德、有损网络和谐的事。不造谣、不传谣、不信谣，尤其不得捕风捉影、夸大甚至捏造事实，应养成文明健康上网的好习惯。

网络暴力是指网民在网络上的暴力行为，是社会暴力在网络上的延伸。不同于现实生活中拳脚相加、血肉相搏的暴力行为，网络暴力是借助网络的虚拟空间用语言、文字、视频等对人进行伤害与诬蔑。这些语言、文字、图片、视频都具有恶毒、尖酸刻薄、残忍凶暴等基本特点，已经超出了对于这些事件正常的评论范围。有些网络暴力者不但对事件当事人进行人身攻击，恶意诋毁，还可能将这种伤害行为从虚拟网络转移到现实社会中，例如，对事件当事人进行“人肉搜索”，将其真实身份、姓名、照片、生活细节等个人隐私公之于众。这些评论与做法，不但会严重地影响事件当事人的精神状态，更会破坏当事人的工作、学习和生活秩序，甚至造成更严重的后果。

2017年8月，四川九寨沟发生7.0级地震，社会各界纷纷向灾区伸出援助之手，与此同时也有一群“键盘侠”开始到各路明星名人的微博下进行“逼捐”。演员吴某由于正值其电影上映期间，成为“键盘侠”攻击的重灾区，不少网民采用暴力语言，以“不捐就是不爱国，捐少了就是虚伪”为由要求其多捐款。

事实上，很多公众人物在敏感事件发生前后都遭受过不同形式的“网络暴力”攻击。在网络信息时代，甚至一些普通人也会受到牵连。例如，“某野生动物园老虎伤人事件”中受伤女游客及家人，“某地女司机被打案”中女司机及家人，都被部分网民“人肉搜索”和“网络暴力攻击”。

如何抵制网络暴力？

网络时代，青少年大有可为。我们要争当“中国好网民”，发出“青年好声音”。抵制网络暴力，主要应做到以下几个方面：

一是依法上网。要自觉对网上行为负责，讲诚信、守底线、不造谣、不传谣，远离网络暴力，从自身做起，为法治网络、法治国家建设贡献力量。

二是文明上网。要坚守和传递向上向善的精神力量，积极弘扬社会主义核心价值观，对假恶丑现象、网络暴力坚决说不，推动网络空间清朗阳光。

三是理性上网。要加强学习、勤于思考，提高辨别是非真假的能力，具备应有的正义感和担当精神，倡导正确思想、驳斥错误言行，客观、理性地看待网络中的人和事。

6.4 抵制网络低俗文化

网络消极、低俗文化，即在网络上发布的不符合法律法规的内容，包括宣扬血腥暴力、凶杀、恶意谩骂、侮辱诽谤他人的信息；容易诱发青少年不良思想行为和干扰青少年正常学习生活的内容，包括直接或隐晦地表现人体性部位、性行为，具有挑逗性或污辱性的图片、音视频、动漫、文章等，非法的性用品广告和性病治疗广告，以及散布色情交易、不正当交友等信息；侵犯他人隐私的内容，包括走光、偷拍、露点，以及利用网络恶意传播他人隐私的信息等；违背正确婚恋观和家庭伦理道德的内容，包括宣扬婚外情等信息。

网络低俗文化危害青少年身心健康，会给青少年的人生观、道德观、审美观等价值观念带来一系列的冲击，让青少年难辨是非、善恶、美丑，在道德认知上产生误区。青少年正处于人生观、价值观形成的关键时期，如果长期受到网络低俗文化的感染，后果将不堪设想。

2020年12月，上海市公安机关破获一起传播淫秽物品牟利案，依法逮捕嫌疑人13名，关闭涉黄App6个。经查，犯罪嫌疑人黄某、郭某等于2019年6月起合谋在境内外多地招募技术团队开发多个色情App和网站，部分App模仿复刻国内某知

名短视频App，传播淫秽视频进行牟利，并通过承接链接广告和引流“业务”收取巨额广告费用，涉案淫秽视频10万余部，注册会员逾百万且有大量未成年人用户。

据中国新闻出版广电报微信公众号7月20日消息，7月15日至7月17日，国家新闻出版总署约谈了咪咕阅读、天翼阅读、网易文学、红袖添香网、起点中文网、追书神器、爱奇艺文学等12家企业，对近期发现的网络文学内容低俗问题，提出严肃批评，责令全面整改，要求相关单位立即下架存在问题的网络小说，停办征文活动，清理低俗宣传推介内容，健全内容把关机制。

随着互联网的快速发展和普及，每隔一段时间就会有“蓝瘦香菇”这样的“爆款”网络流行语产生。作为互联网的一种次生文化，层出不穷的网络用语被大众广泛熟知和使用，丰富了汉语的多样性。然而，那些不规范甚至粗俗化的网络用语堂而皇之地招摇过市，成为当前值得关注和思考的社会问题。

对于处于语言学习期的青少年而言，粗俗的网络流行语对其造成的不良影响已经不再是杞人忧天。不久前曾有新闻报道，一位学生的考试作文中竟然出现了“尼玛，见到他这个‘屌丝’样，我也是醉了”这样的句子，当即让阅卷老师大跌眼镜。此外，也有不少微博网友讲述了自己作为家长的担忧：“上初二的儿子用起网络流行语来简直到了出神入化的地步，‘逼格’‘狗带’‘撩妹’信手拈来，儿子的词库更新之快经常让我感到摸不着头脑。”

如何抵制网络低俗文化?

一、主体方面

1.提高自身素质。

作为青少年，应该努力学习掌握科学文化知识，不断提高思想道德水平，全面提升自身素质。加强对我国传统文化的学习，取长补短，正确认识什么是真正的“真”“善”“美”，坚决抵制网络上的低俗文化。

2.提高自律意识。

青少年时期正是思想逐渐成熟的时期，如果不努力提高自律意识、进行自我控制，那么将很难经受住一些低俗文化的诱惑。因此青少年应该加强道德修养，提高明辨是非的能力，自觉抵制网络不良信息，文明上网。

二、客体方面

1.加强对青少年的引导。

社会、学校、家庭三方面必须联手出击，积极配合，对青少年实施正面引导。在适应和满足青少年现实需求的过程中引导他们追求理想，提升需求的层次，加强对青少年的网络道德教育，使青少年树立正确的人生观和价值观，从心里抵制网络低俗文化的侵袭。

2.建立健全相关法律法规。

完备的法律法规是有效建设和管理网络、遏制和减少网络不规范行为、抵制低俗文化的坚强后盾和重要手段。因此，我国政府应制定更规范、更切实可行的法律法规，保障和促进我国网络的健康发展，为青少年的成长提供积极健康的保障体系。

7 做有素养的网络主力军

网络技术的飞速发展，给世界带来了天翻地覆的变化，也给人们的日常学习、工作、生活带来了便利。蓬勃兴起的网络文化像一把“双刃剑”，在带给人们养分的同时，也带来了一些消极负面的东西。作为青少年，我们应正确、绿色地使用互联网，规避互联网可能带来的信息污染和信息垃圾并在其中获取有价值的内容，在互联网平台上表达意见而不是卷入舆论暴力的旋涡，做一个有素养的网络公民。

7.1 信息查阅多加判断

互联网是一个巨大的信息库，借助这个信息库，我们可以获得非常丰富的资源。例如，通过搜索引擎可以快速找到与学习相关的资料；浏览一些大型新闻网站，可以及时了解社会时事、科研动态等。合理有效地使用网络信息，可以提高我们的学习效率、开阔视野、丰富生活。但网络上也有很多不文明、虚假、违法的信息。例如，有人肆意传播垃圾信息、污染网络环境；有人传播一些未经考证的生活信息，影响人们对客观事实的认知；还有些不法分子利用网络发布诈骗信息或谣言，对社会稳定造成负面的影响。

作为青少年，在日常生活中，我们应该如何对待网络中的各类信息呢?

（1）提高自身知识水平。我们平时要多阅读书籍、多向同学或长辈学习，扩大自己的知识面，丰富自己的知识内涵，提高信息辨别能力。其实，很多信息明显违背常识、不符合常理，借助一般常识、原有经验稍加分析和思考便可辨别真假。

（2）根据信息的分类，登录相应的专业机构官网查阅资料。例如，要了解科普知识，可以访问中国科普方面的网站；要查阅学校或升学信息，可以访问本地教育部门或教育部的官网。一般来说，来自政府机关、科研单位、专业机构官网的信息相对比较权威、可靠。如果要查阅的信息不好分类，只能通过搜索引擎利用关键词来搜索时，则要多加分析和思考，必要时可请教老师或家长。

（3）多渠道查阅。“兼听则明，偏听则暗”，多渠道地获取信息，并加以比较和分析，是发现问题和疑点的有效方法。一些看似很有科学道理的信息，可以通过专业知识、专业手段，或向专业人士、权威机构求助，以去伪存真。

（4）避免从众心理。当谣言发生时，许多人会丧失理性判断，选择跟风传谣。例如，曾经出现过“由于日本核辐射对海水的影响，我国盐产量将出现短缺”的传言，当时不少人由于听信传言而去抢购食盐，一些超市的食盐甚至一天之内被抢光。其实，食盐是关乎民生的大问题，即使暂时被抢购，国家也会很快进行调控，百姓无须为此过度担忧。面对网络中的各种信息，我们要理性看待，不能随意从众，如果消息来源不明，自己无法判断真假，则需要向老师或家长请教。

多年来，国家相关部门一直在采取大量有效的措施净化网络环境。正如习近平主席在第二届互联网大会开幕式所讲的那样：“我们依法开展网络空间治理，网络空间日渐清朗。”同学们应自觉抵御网上不良信息，一旦发现，应及时向相关部门或中国互联网违法和不良信息举报中心等网站举报，为营造安全、健康、有序的网络环境贡献自己的力量。

7.2 网上交流注重礼仪

如今，互联网已成为重要的人际交流空间，人们可以通过电子邮箱收发邮件、利用聊天软件与他人交流。在网络这个虚拟社会中，由于人与人的交往一般只靠书面语言进行，因此，谦和的态度、礼貌的语言、相互的尊重就显得更加重要，它能使人感到温暖亲切、自然拉近双方的距离，消除陌生感，从而使交往双方友善地进行沟通。文明礼貌的言行举止会帮你在网络空间架起友好交往的桥梁，使你拥有一个更加和谐的网络世界。

在网上交流时，希望同学们能做到以下几点，做一名文明规范的网民。

（1）聊天的目的是帮助学习、增进友谊。有时候，我们由于时间或空间的原因，不能很方便地与好友见面，但我们可以通过网上聊天，一起探讨学习和生活中的问题，加深感情，促进共同进步。只有把网络聊天当作学习分享、思想交流的方式，它才能给我们的成长带来帮助。

（2）对待聊天好友要友善，有诚信，不能编造谎言、欺骗他人。我们在网络中不要欺骗他人，但同时也要有自我保护意识，不要泄露个人隐私，以防被别有用心的坏人利用；也不要随意添加陌生人为好友，瞒着家长与网友见面等。

（3）要礼貌交流，彼此尊重。在网上和好友聊天时，要尊重对方，根据情况使用文明用语，不要盘根问底追问对方隐私；要及时回复好友的邮件或留言，书写邮件时，如果对方是长辈，还需要使用尊称以示尊敬。

（4）交流用语要标准、格式要规范。使用正确的文字传递信息是对他人的尊重，同时也体现了自身的修养和文化水平。对于一些网络用语，要根据场合使用，并且要适度。书写邮件时，主题要简明扼要、结构要工整、内容要齐全、表达要清晰。

（5）让父母也认识你网络聊天的好友。经常与父母交流，分享你有哪些好友，他们有什么特点，你们最近在聊哪些话题。如果网络聊天时遇到言谈古怪、言语粗鲁、要求过分的网友，给你带来困惑和不舒适的感觉时，就及时向父母寻求帮助。

7.3 信息发布谨言慎行

互联网丰富了人们分享信息的途径。人们可以在网上展现自我、表达思想、传递意愿，很多人通过网络把一些积极向上、健康有益的信息传播给他人，同时也从网络中获取了很多有用的信息，拓宽了知识面，开阔了视野。但是，由于网络的特殊性以及一些人不负责任的行为，网络中也出现了很多不和谐的信息，如垃圾信息、低俗信息。这些信息污染了网络环境，而且让人真假难辨。

网络是一个公共场所，属于我们每一个人。我们的每一篇文章、每一次转发、每一条评论、每一封邮件，都不仅仅是个人行为，更是构筑文明网络环境与和谐社会的基石。作为青少年，在发布信息时要自觉遵守网络文明礼仪及国家法律法规，为营造一个健康积极的网络空间贡献力量。

（1）发布正面的、积极的信息。积极向上的信息可以给浏览者带来知识、快乐与鼓舞。例如，我们在班级群里可以分享一些解题启示、学习资料；可以宣传身边的好人好事、干净美丽的小区环境、邻里的互帮互助等。与他人分享这些美好的事情，会让我们的社会充满正能量，变得更加温暖。

（2）不转发来源不明的信息。没有明确来源的信息，往往很难判断其真假，不要盲目转发以免被不法分子的不实言论操控，更不能为了寻求刺激夸大事实、添油加醋地乱发。如果要转发信息但又不能确定其真假时，要及时向长辈寻求帮助。

（3）不发表侮辱、诽谤他人的文字、图片或视频。人与人之间有矛盾是正常的，但我们不能为了发泄情绪，肆意攻击他人，或将他人的隐私公之于众。根据法律规定：同一诽谤信息实际被点击、浏览次数达到5000次以上，或者被转发次数达到500次以上的，可构成诽谤罪。

（4）不转发违背道德、触犯法律的信息。面对互联网中鱼龙混杂的信息，我们需要提高明辨是非的能力，坚决抵制不良信息，不转发任何违背道德、违反法律的信息。

总之，发布信息时要确定其真实性，多与长辈商量。我们每个人都要严格要求自己，发布信息时要多思考、多判断、多请教，让不良信息无处生存，让正面、真实的信息带给社会正能量。

7.4 法律法规自觉遵守

作为信息时代的青少年应当认识到，我们不仅在现实社会中要自觉遵守法律法规，在互联网空间中也要做一个守法公民。国家制定法律法规的目的在于让每一个社会成员，尤其是青少年能更好地适应信息社会。作为青少年，要自觉遵守信息时代的法律法规，可以从以下三点做起。

首先，要了解法律法规。学习相关法律知识对于保护国家、集体和个人的合法利益，维护信息社会健康秩序具有重大意义。互联网的发展为我们的学习创造了良好的条件，我们可以通过多种渠道了解信息、获得知识。通过学习相关法律法规，可以提高我们的法律意识，从而更好地规范自己日常的行为，保护自己在信息社会中的合法权益不受侵害，为今后走向社会打好基础。

其次，要自觉履行法律规定的义务。很多人认为“网络是虚拟的，在网络中做了什么事都不会有人知道”，实际上，随着信息技术的发展，网站后台、IP地址、ID号、AI识别技术、位置信息、手机号码等均可追溯至本人真实身份。在互联网中的行为与现实生活中一样都受到法律法规的保护与监督。因此，网络并不是一个可以为所欲为的地方，在网络世界中我们也要自觉遵守道德标准，履行法律规定的义务。

最后，要有维权的意识。学习法律法规不是为了完成学习任务，而是把它们作为生活中的好帮手，更好地保护自己和他人的权益。例如，在网购遇到假冒伪劣商品时，不要怕麻烦而自认倒霉，应及时向当地消费者协会反映，甚至诉诸法律途径来解决。

只有每个人都遵守和维护法律法规，才能共同维护好信息社会的秩序。正如我国向世界倡导的那样，网络空间是虚拟的，但运用网络空间的主体是现实的，大家都应该遵守法律，明确各方的权利与义务。我们要坚持依法治网、依法办网、依法上网，让互联网在法治轨道上健康运行。

技能篇

快速掌握网络安全技能

8 网络安全防护技能

8.1 病毒的识别与查杀

8.1.1 什么是计算机病毒

玲玲在家想要用电脑查一些资料时，感觉电脑用起来有点卡顿，打开一个网址需要很长的反应时间，过一会儿之后电脑完全卡住，一点反应都没有了。玲玲不知道该怎么办，突然想起来求助于计算机专业的哥哥，在哥哥的解释下，玲玲才知道原来自己的电脑已经中病毒了。

计算机病毒是编制的特殊程序，可以在计算机中运行一些没有经过授权的代码。计算机病毒在系统不知不觉的情况下，将代码嵌入程序中，如果运行了这些带有破坏性的程序，那么电脑的数据就会被破坏，还有可能会泄露重要数据，电脑的正常运行也会受到干扰，磁盘空间会被占用，导致正常的程序无法运行，有可能会让网络处于瘫痪的情况。

我们已经大概知道计算机病毒是什么了，那么它们都有哪些特点呢？一般来说，寄生性、传染性、隐蔽性、潜伏性、破坏性、可触发性、衍生性、针对性、欺骗性、持久性都是计算机病毒的特点。

计算机病毒的划分标准有很多，如果我们按照传染对象划分的话，计算机病毒主要有引导区病毒、文件型病毒、宏病毒、脚本病毒、网络蠕虫程序、木马病毒、恶意网页病毒等几种。

计算机病毒的狡猾之处就在于其形式比较多样化，可以悄无声息地潜藏在系统中，在系统中存活、繁殖甚至传播，类似于身体中的病毒，走到哪传到哪。计算机病毒主要的传播方式是磁盘、网络等，其对计算机系统的伤害程度是比较大的。

故事链接

当我们刚听到木马这个词语时，有可能一开始想到的是游乐场里的旋转木马，但木马病毒里面的“木马”可不是这么友好的，它源自公元前的一个阴谋。早在公元前13世纪，希腊联军率领十万人马攻打特洛伊城，两军实力相当，希腊联军始终无法将特洛伊城攻克，战争一直打了九年，到战事进行到第十年的时候，希腊将领奥德修斯提出了一个想法。仅仅一晚上的时间，所有的希腊联军全部撤退，但是海滩上却留下一个比特洛伊城的城墙还要高的木马。

等到天亮了，特洛伊人不敢相信所有的希腊联军竟然撤退了，他们的喜悦之情溢于言表，喜悦冲昏了他们的头脑，他们将希腊联军留下的巨大木马搬入城中，开始整夜的狂欢。殊不知，他们搬进来的木马里潜藏着巨大的危险，其实在木马的肚子里是希腊联军的精兵部队，他们早已全部武装，等待出击。等到特洛伊人狂欢结束、进入梦乡的时候，希腊士兵就开始了他们的计划，打开特洛伊城的城门，让其余的希腊士兵进来，还在入睡的特洛伊人全部沦为了希腊联军的俘虏。直到现在，西方国家还在流传一句谚语“当心希腊人的礼物”，这个故事提醒我们要警惕敌人的伪装，不要引狼入室，得不偿失。

8.1.2 如何识别计算机病毒

每个人都会生病，当我们的身体出现毛病时要去找相应的医生，然后经过医生的诊断，确定自己的问题所在，从而进行正确的治疗。与人类相似，计算机也会有出毛病的时候，计算机病毒就是计算机生病的原因所在。我们只有了解了计算机中毒的症状，才能确定计算机是否中毒，从而确定是否要进行病毒查杀。

计算机中毒的表现都有哪些呢，让我们来看一下吧：

（1）当我们打开浏览器时，不是浏览器本身的页面，而是一些没有见过的页面，而且无法回到以前的浏览器页面。

（2）电脑的桌面上无缘无故多出来一些以前没有过的广告图标，如免费电影、软件下载等，当点击进去时，会发现是一些商品的推广。

（3）当我们成功连接上网络，并且网络状态比较良好的情况下联网游戏时却经常掉线，这时就要小心提防有人在窃取我们的账号以及密码。

（4）当我们打开电脑时，发现鼠标自己移动、摄像头自己开启、光驱自己弹出等情况，就要小心自己的电脑是否被人远程控制。

（5）我们的计算机中都会有一些安全防护软件，如果这些安全防护软件不能直接运行，甚至连软件官网都访问不了的话，这种情况就比较糟糕了。

（6）当我们在浏览器地址栏中输入想要访问的地址时，点击访问，得到的却是另外的网址，这种情况一般是由于电脑中了病毒导致错误地解析了域名。

（7）电脑变得卡顿，打开网站需要等待很长时间，任务管理器中的进程突然变多且停止无效。

以上这些情况都是一些常见的电脑中毒的现象，当然，计算机中毒的现象还有很多，这就要求我们在日常生活中要多加留心异常的情况，注意防范计算机病毒。

8.1.3 如何查杀计算机病毒

在这个网络高度发达的时代，计算机病毒是无法避免的，当我们与外界进行数据传递时，病毒就有可能趁虚而入，就算电脑已经安装了安全防护的软件，也不能保证可以百分百预防病毒。这就好比我们人类，就算我们平常多加防护，也在所难免地会生病，重要的是生病之后懂得对症下药，及时治疗。因此，不要畏惧计算机中毒，只要掌握了查杀病毒方法就好。

下面我们会简单介绍一下当计算机感染上病毒之后要怎么办，这可以分为以下两种情况。

第一种情况，计算机的运行情况良好。

（1）感染了病毒之后，在计算机的运行没有受到影响时，切忌在电脑中输入自己的账号和密码信息，这种情况下要先使用杀毒软件对计算机进行杀毒操作。

（2）完成上一步的杀毒之后，将计算机进行重启操作，大部分的病毒在计算机重启之后被清除。重启之后，要对之前的账号和密码进行修改。

第二种情况，计算机的运行情况被破坏。

（1）感染了病毒后，若计算机的运行情况受到了影响，如应用打不开、电脑鼠标无法控制等，此时就要进行断网处理，如关闭路由器。

（2）进行以上操作之后，在重启计算机时连续点击键盘上的F8，让计算机进入网络安全模式，然后再次连网，下载相应的杀毒软件，对计算机进行杀毒。

当我们对计算机病毒进行查杀时，要在官网上下载杀毒软件（不要在不知名的网站下载），对电脑进行定期的查杀病毒操作也可以很好地预防病毒，不要忘记完成杀毒操作后，重启一下计算机。

计算机病毒其实在一定程度上是可以预防的，我们可以用以下几个方法来预防计算机病毒。

（1）在电脑上安装安全防护的防毒、杀毒软件。

（2）收到陌生的邮件时不要接收并打开。

（3）当插入外来设备如U盘时，确认是否安全。

（4）安装的杀毒软件应从官网上下载。

（5）对电脑进行定期的“体检”，对杀毒软件进行检查更新。

8.2 保护数据安全

8.2.1 什么是数据安全

数据安全指的是数据的合法持有能够得到保障，当使用者需要数据时，得到的数据是原始的、保密的，没有非法更改的数据。数据安全通常概括为保密性、完整性以及可获得性。

（1）数据的保密性：数据是有保密程度的，只有拥有可读权的人才可以获取，同样只有拥有可更改权的人才可以对数据进行更改。

（2）数据的完整性：数据在存储以及传递时，不能随意更改。

（3）数据的可获得性：对数据的拥有者以及使用者来说，如果想要获取这些数据，那么他们可以短时间内获得这些数据。

数据安全主要的构成部分有：数据本身的安全、数据防护的安全和数据处理的安全。

（1）数据本身的安全指的是通过一些现代密码的算法将数据加密，从而达到保护的作用，如数据保密、数据完整性等。

（2）数据防护的安全指的是通过现代信息存储的手段将数据达到防护的目的。

（3）数据处理的安全指的是预防对数据进行录入、统计或者打印的过程中，突然出现硬件故障、死机、错误操作以及病毒等情况，形成的数据丢失现象。

8.2.2 如何保护数据安全

我们已经了解了什么是数据安全，那么应该怎么更好地保护数据安全呢？我们可以从以下几点对数据安全进行保护：

（1）安装透明加密软件，这种软件在国内已经比较普遍。有代表性的是Smartsec、它是一个能防止泄露内部信息，对数据强制性加密或者解密的软件。当正常使用这个软件时，计算机内存上的内容是以明文形式存放的，而在硬盘上保存的是数据的加密状态。如果用非法途径得到数据，那么得到的数据将是乱码形式的。

（2）利用文档权限管理软件，可以使用权限管理服务或者Office版本中的信息权限管理这种操作，从而阻止其他人想要转复制我们的邮件或是文档。

（3）将不需要的智能物品格式化。当放弃使用一些智能物品时，要将自己在设备中的信息格式化，以防止其被别人盗取。

（4）填写个人信息时要确保提供填写的网址是否是安全的，当提示网站可能存在危险时一定要小心。

8.3 数据的备份与恢复

8.3.1 数据备份

在现如今的大数据时代，数据备份是必不可少的，即使我们再怎么预防数据安全，也不能确保数据百分之百的安全。如果出现数据被误删或者感染了病毒，那么软件和系统是可以重新安装的。但是一旦数据没有备份，就很难找回。因此，定期对重要数据进行备份是非常重要的。

数据备份的主要策略有：全盘备份、增量备份和按需备份等。

（1）全盘备份就是对所有的数据和文件都进行备份。

（2）增量备份指的是对更新过的数据或者文件进行备份。

（3）按需备份则是除了正常的备份外要进行的额外备份。

了解了数据备份的意义和其策略，那么它有哪些备份方式呢？下面让我们来看一下：

（1）定期磁带：将数据传递到备份中心，制作成一个完整的备份磁盘或者是光盘。

（2）数据库：在与主数据库分离的备份机上，对主数据库里的数据进行备份处理。

（3）网络数据：先对系统的数据库数据和重要目标文件的更新实时监控，然后对日志进行更新，并经过网络将其发送到备份系统。

8.3.2 如何进行数据备份

我们已经对数据备份有了一些了解，那么应该怎样对数据进行备份呢？下面让我们来看看应该如何进行数据备份。

8.3.2.1 PC端的数据备份

（1）移动存储设备。

当我们对电脑数据备份时，首先想到的应该是利用移动存储设备，如U盘，这种方法相对来说安全性是比较高的，并且方便携带，操作起来也是比较简单的，只需要将想要备份的数据复制到移动存储设备上就可以完成备份。

（2）云盘。

现在网盘工具有很多种类，将数据传到网盘上进行备份也是一种不错的方式。

1）下面的操作以百度网盘为例，我们可以直接在网页上登录百度网盘账号，没有账号的话要先注册一个，登录后在左侧看到“全部文件”，可以按照下面的分类，上传相应的文件。

2）点击上侧的“上传”按钮，就可以上传相应的文件或者文件夹。

3）除了登录网页版百度网盘，还可以下载百度网盘应用程序，下载完成后，在“我的网盘”中就可以上传相应的文件。

（3）系统自带备份。

一般来说，Windows系统中都有自带的备份功能，在电脑上我们同样可以进行备份。

1）按照顺序依次打开“控制面板”—“系统和安全”—“备份和还原”。

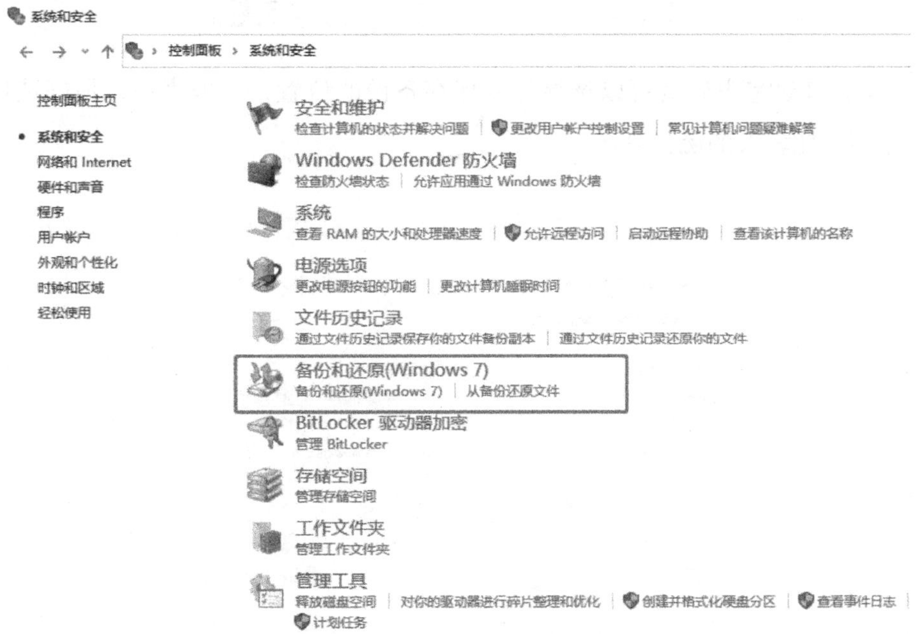

2）点击“备份和还原”后会进入以下界面，在“备份或还原你的文件”中，点击右侧的“设置备份”。

3）这时系统会弹出一个小窗口，提示正在启动Windows备份。

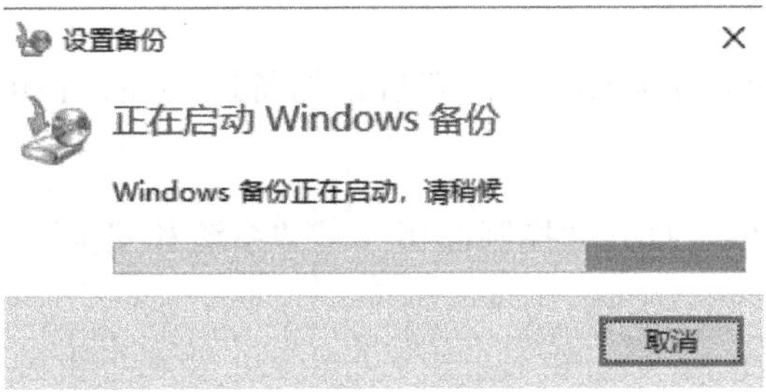

4）启动完毕后就可以选择你要保存备份的位置，一般来说，最好选择一个容量比较大的磁盘分区。

5）选择完毕后，点击“下一步”，这时候要选择你要备份的数据，如果对系统比较了解的话，就可以选择“让我选择”，否则选择“让Windows选择（推荐）”。

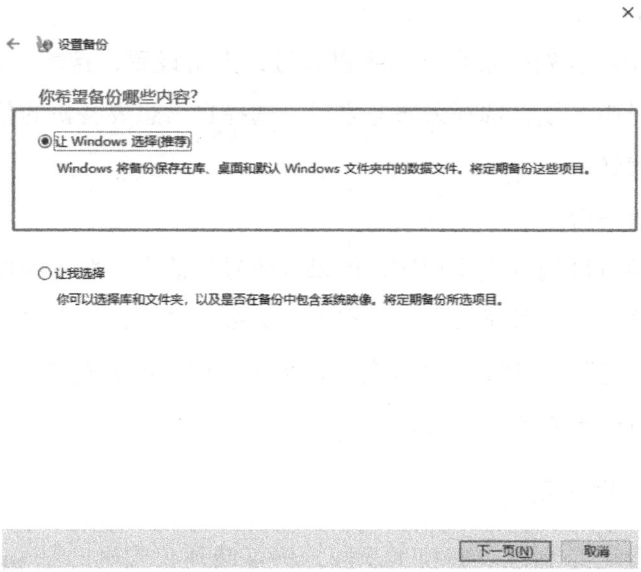

6）完成上述操作后，点击右下角的“保存设置并运行备份”。

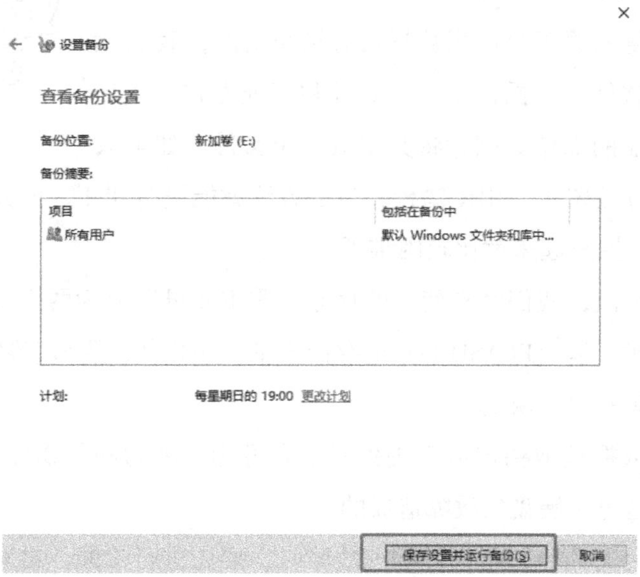

当设置都完成之后，系统就会进入备份，我们只需要等待系统完成备份就成。

8.3.2.2 移动端的数据备份

（1）云备份。

基本操作是首先登录自己的手机账号，点击设置，接着点击账号进入，就可以看到云服务了，选择云服务之后，选择自己想要备份的数据，最后点击立即同步就好。

（2）网盘备份。

首先下载百度网盘应用程序，如果有账号的话直接登录即可，没有的话要先注册一个账号，登录进去后，点击“更多”选项，点击之后就可以看到“手机备份功能”，选择自己想要备份的数据类型，如点击“自动备份图片”。就可以选择自己想要备份的相册。

8.3.3 数据恢复

数据恢复就是利用一些技术手段，将存储到台式机硬盘、笔记本硬盘、移动硬盘等设备上丢失的数据资源进行恢复和抢救。

数据恢复

数据恢复的原理是：当数据没有被覆盖时，我们就能利用一些软件，用操作系统的寻址和编址方式，找到还没有被覆盖的那些数据，将其组成一个文件，如果只有一些小地方被覆盖，用差错校验位的方法就能进行纠正，但如果已经被基本覆盖的话，恢复起来就比较困难了。

现阶段来说，我们经常使用的存储介质主要可以分为两大类：一种是硬盘；另一种就是基于FLASH芯片的存储设备，如U盘、数码存储等。

（1）硬盘的数据恢复。

当硬盘数据读取错误或者丢失时，有可能是因为硬件物理故障的原因，但也有可能是由于硬盘软故障造成的。

当数据丢失的原因是硬件物理故障时，要先进行诊断，再对相应的硬件故障进行修复，之后再修复其他故障，最后完成数据恢复。通常来说，硬盘软故障的数据恢复大多数是使用数据恢复软件进行恢复的。

（2）基于FLASH芯片的存储设备的数据恢复。

基于FLASH芯片的存储设备，既没有盘体，又没有盘片。当出现这种硬件故障时，有一种数据恢复技术可以利用一种比较特殊的硬件设备，将FLASH芯片里的代码直接读取出来，然后通过一些特殊的算法和软件，经过人工组合，将FLASH数据直接重组出来。这种恢复的方法成功率很高，但是使用的设备是非常昂贵的，对数据恢复技术的要求也很高。

8.3.4 如何进行数据恢复

了解了数据恢复技术后，让我们看一下怎么对数据进行恢复吧。

8.3.4.1 PC端数据恢复

（1）U盘/硬盘存储还原。

利用U盘或者硬盘存储对数据进行恢复是比较简单的，直接点击进入U盘或移动硬盘，将想要恢复的数据复制出来即可。

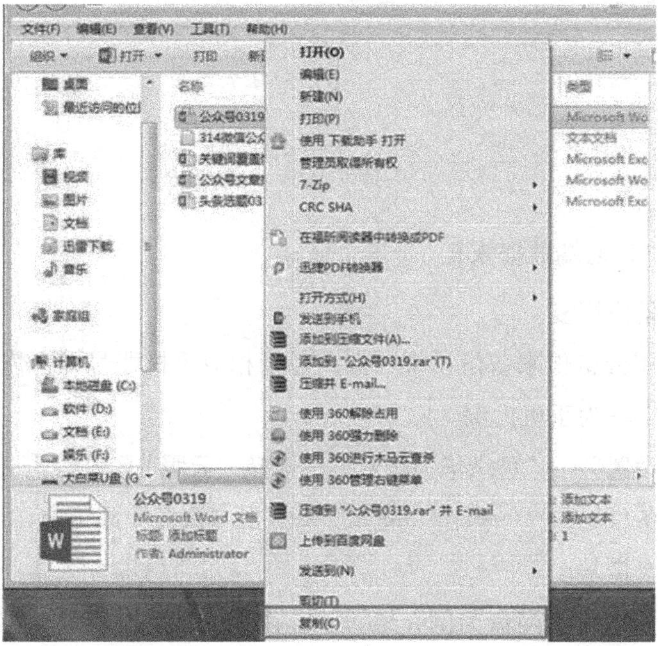

（2）云盘存储还原。

当我们将数据已经存储到网盘时，如果想要恢复数据，就需要登录云盘，将自己所需的文件选择并下载即可，下面以百度网盘为例。

①首选登录百度网盘，选择自己想要恢复的数据或文件。

②选择完之后，点击文件右侧的下载按钮，将文件下载下来即可。

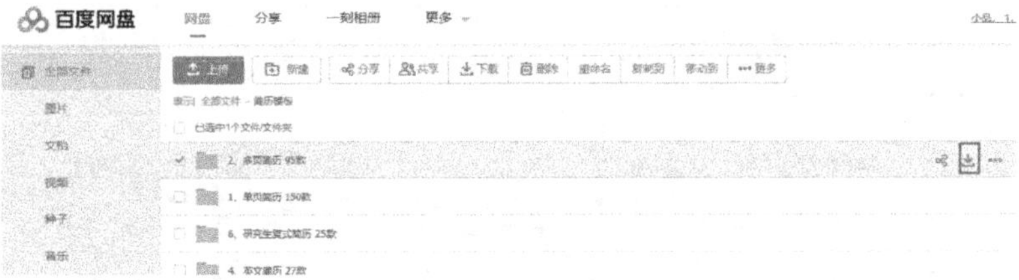

8.3.4.2　移动端数据恢复

（1）云备份恢复。

手机使用云备份来备份系统数据，登录相应手机账号即可恢复已备份的产品，这里以华为手机为例。

进入“设置”—“登录华为账号”—选择“云服务”—点击“云备份”—选择“查看备份记录”—点击“进入”—点击“恢复”即可。

（2）网盘恢复。

我们仍然以百度网盘为例介绍一下，首先登录百度网盘，在界面中点击

“更多”选项，选择“手机备份”功能并进入，然后选择想要恢复的文件类型，如想要恢复通讯录就选择“通讯录恢复”即可。

8.4 如何正确使用防火墙

互联网给我们的生活带来了许多便利，丰富的网络资源、各式各样的网络应用已经成为我们生活中不可或缺的一部分。然而，威胁我们安全上网的因素有很多，可能是人为的也可能是非人为的，可能是有意的也可能是无意的。因此，采取一些手段保护我们安全上网是必不可少的，就个人计算机的使用而言，正确设置防火墙对于保护个人计算机与外部网络发挥着重要的作用。

在互联网上，用户或程序可能未经邀请就尝试访问我们的计算机。一般情况下，黑客经常使用扫描软件来查找与网络连接且不受保护的计算机，其会向计算机发送一条很小的消息，如果计算机没有设置防火墙，则会自动应答该消息，这样黑客就会知道本台计算机不受保护。但是如果设置了防火墙，就可以避免这种情况的发生。

防火墙就像家里的门锁一样，从外面进来需要钥匙，从里面出去，则不需要钥匙。下面以Windows防火墙设置为例进行介绍。

（1）单击“开始”按钮，选择“控制面板”选项。

（2）在打开的窗口中单击“系统和安全”选项。

（3）选择“Windows Defender防火墙”选项。

（4）在打开的窗口左侧单击“启用或关闭Windows Defender防火墙”选项。

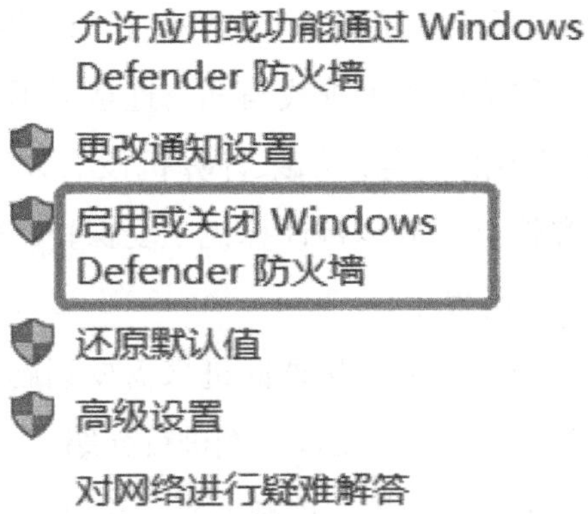

（5）可以根据需要启用或关闭防火墙。

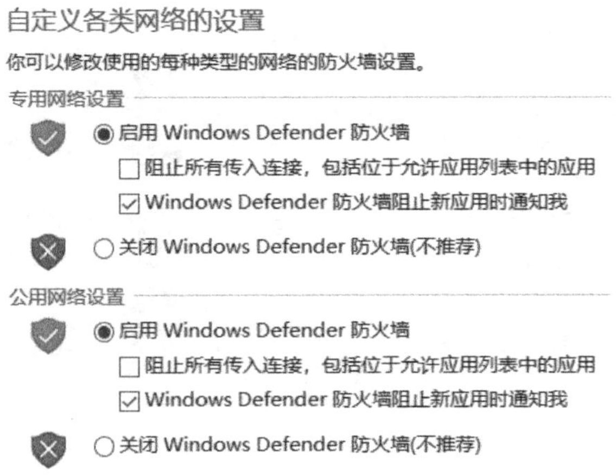

经过这样简单的设置，就能够开启Windows防火墙，在进行网上冲浪时为自己的计算机增加一道安全屏障。当然，关于专业防火墙的设置可能非常复杂，需要学习更加专业的知识去完成操作。

8.5 如何正确安装和管理手机应用程序

许多人在拿到一部新手机后会迫不及待地开始安装应用程序，机械地点击“同意”按钮，直至程序安装完毕，却很少会关注应用程序中的安装“条款”。恶意的手机应用程序很多，一旦通过安装“条款”开启了用户手机的某些权限或某种使用功能，就有可能给用户带来麻烦。

有些用户热衷于“刷机”，即通过一定的方法更改或替换手机中原本存在的一些语言、图片、铃声、软件或者操作系统，通俗来讲，“刷机”就是给手机重装系统。一些用户在刷机后安装大量软件，一味追求功能，而不顾安全，殊不知这样会为“流氓App”提供可乘之机。

“刷机”或进行root（获得超级管理员权限）操作没有权限的限制，“流氓App”可以获得手机的任何权限，很可能造成重大安全隐患。有些应用程序打开后，会弹出广告；有的会在后台自行下载数据，窃取流量；为了不被用户察觉其耗电速度变快，一些恶意程序通常会选择夜间，在用户给手机充电时偷偷下载；还有一些恶意程序会定期去云端下载要推广的应用；有的甚至会盗取用户手机中的个人信息，如银行卡、通讯录等。

为了保证手机的正常、安全使用，可参考以下方法安装、管理手机应用程序。

（1）通过正规的软件商店或网站下载手机应用程序。这些平台会对应用程序进行安全检测，可以保证安装的应用程序是安全的，而非恶意程序。

（2）仔细阅读应用程序安装说明，谨慎操作。事实上，软件安装时提示的发短信、查通讯录、连接互联网、GPS定位等权限均值得我们留意，这些功能极易暴露个人隐私。

（3）在不接收数据时，应关闭蓝牙和WiFi功能。部分用户手机的蓝牙和WiFi功能长期处于开放状态，殊不知这样做极易造成安全隐患。黑客可以通过与用户手机建立无线连接，悄悄地将恶意程序发送到用户手机。因此，在不接收数据时，应关闭蓝牙和WiFi功能，防止恶意程序的入侵。

（4）安装杀毒和防护软件能够有效防止恶意程序入侵。对于一般恶意程序入侵，杀毒和防护软件会提醒用户并主动拦截。

8.6 如何正确设置家用路由器

目前，很多家庭都是通过路由器上网，不仅因为使用路由器上网方便，而且还支持多个设备同时上网。很多家庭在使用路由器时都是用出厂时默认的账号和密码，而没有修改管理账号的默认密码（并非WiFi密码），这将使黑客可以轻易进入路由器，篡改相关设置。一旦黑客成功更改路由器设置，就能监控用户的计算机、手机、平板等各种设备的上网行为，伺机窃取网银和网购平台的账号、密码，甚至挟持用户访问钓鱼网站。

那么，我们应该如何正确设置家用路由器呢，下面将以Tp-link无线路由器为例介绍相关步骤（其他各大品牌大同小异）。

（1）先用网线与电脑连接起来，一头插路由器的LAN口，另一头插电脑的网口。

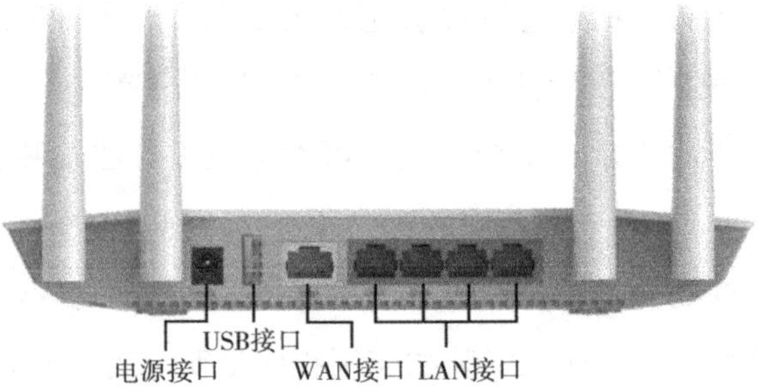

（2）把路由器翻到背面，会看到一串IP地址。

（3）打开一个网页，在浏览器的网址中输入自己路由器的IP地址，回车后出现路由器登录界面，输入管理员密码进行登录（密码一般默认为admin）。

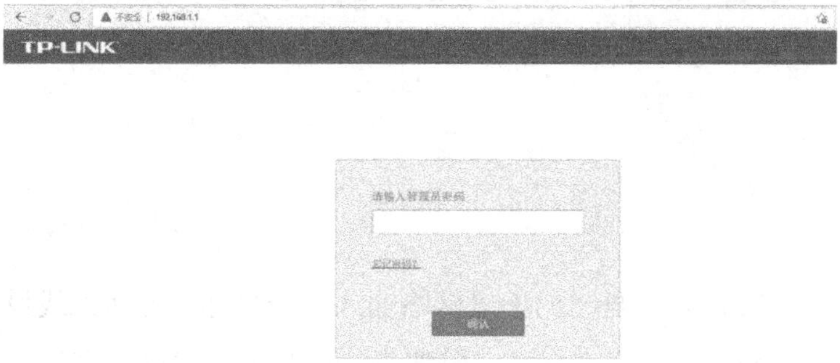

（4）登录成功后进入路由器设置界面，首先点击左侧导航里边的“设置向导”，会弹出一个提示界面，直接点击下一步即可。

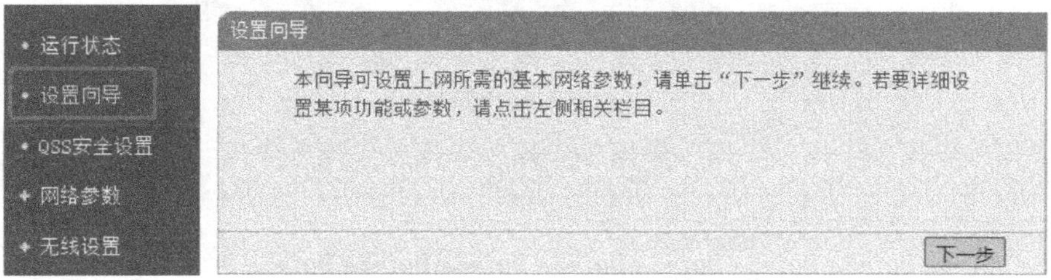

（5）接下来会看到选择“上网方式”，通常都是商家提供的上网账号与

密码，因此通常都是选择第二项“PPPoE虚拟拨号上网”（光纤可以选择自动选择上网方式）。

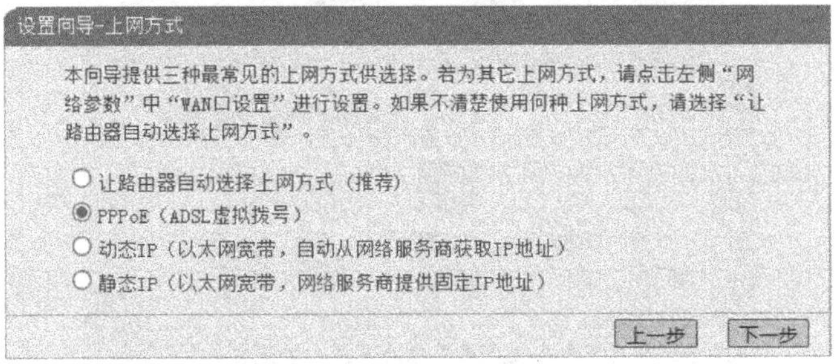

（6）输入上网账号与密码，这个就是网络商提供的上网账号与密码，填写完账号与密码后点击下一步。

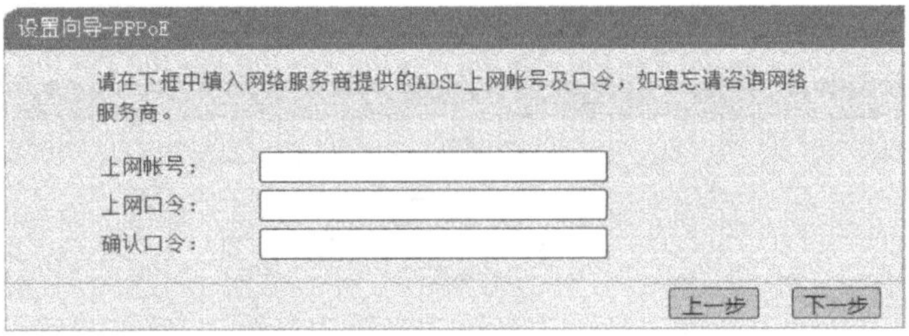

（7）在SSID位置为自己的无线网络输入一个名称，方便无线设置快速找到自家的无线网络，然后在PSK密码那栏，填写上无线网络密码，为了防止他人蹭网，这个密码尽量设置得复杂一些，建议尽量使用字母与数字组合密码。完成之后，再点击底部的下一步。

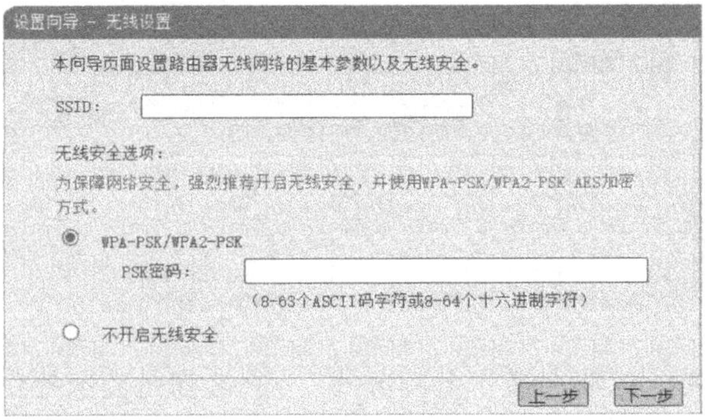

（8）到这里路由器里的配置就都设置好了，现在只要重启路由器就完成了。

8.7 如何安全连接WiFi

WiFi是一种允许电子设备连接到一个无线局域网（WLAN）的技术，有些WiFi设置成加密状态，也有些WiFi是开放的、不需要密码即可接入的。最常见的WiFi信号来自无线路由器，无线路由器如果本身连接到了互联网，那么它也可以被称为热点。WiFi其实就是一种把有线上网的方式转变为无线上网方式的技术，几乎现在所有的智能手机、平板电脑和笔记本电脑都具备WiFi接入功能。

无论我们身处何处，只要有WiFi覆盖的地方，使用正确的密码，就能尽情地畅游网络。然而，我们在享受信息时代带给我们便利的同时，也不能忽视其暗藏的风险。事实上，随意连接WiFi存在着一系列隐藏的网络安全问题。

在央视3·15晚会曾做过这样一个试验，愿意参加试验的观众，均连上晚会现场的免费无线网络信号。为了保证观众的信息安全，3·15晚会特地邀请了公证人员，确保试验中获取的所有数据都在监控之下，试验结束后，这些数据包括硬盘都会彻底销毁。现场观众的手机连上无线网络后打开自己常用的一两个消费类软件，比如打车、订餐、购物的软件，浏览一下过去下的订单和消费记录。令人惊讶的是，现场的大屏幕上各种地址、姓名、身份证号、银行卡号都显示了出来。现场随机抽取了观众验证了这些信息的准确性，结果无论是订餐App、打车软件，还是购物软件，观众消费的所有信息都可以被看到。

事实上，很多公共WiFi热点并不安全。它们在提供热点的同时，也向网络犯罪者开放了入口。别有用心者可以借助开源的黑客工具，轻易地获取用户的隐私信息。

我们所使用的智能移动终端大多具备自动搜索并连接WiFi网络的功能。试想，如果设置了一个假的WiFi接入点，用户在连接后，黑客就可以肆无忌惮地访问用户文件、获取账号和密码等。因此，我们要尽量避免使用公共WiFi。即使使用，也要避免使用可疑或者不设密码的WiFi。相对于公共WiFi，家庭或者私有的WiFi网络安全性相对较高。尽管如此，我们也要防范黑客攻击或者“蹭网”。

如何安全地使用WiFi？

第一，谨慎使用公共场合的WiFi热点。官方机构提供的而且有验证机制的WiFi，可以找工作人员确认后连接使用。其他可以直接连接且不需要验证或密码的公共WiFi风险较高，背后有可能是钓鱼陷阱，尽量不使用。

第二，使用公共场合的WiFi热点时，尽量不要进行网络购物和网银的操作，避免重要的个人敏感信息遭到泄露，甚至被黑客银行转账。

第三，养成良好的WiFi使用习惯。手机会把使用过的WiFi热点都记录下来，如果WiFi开关处于打开状态，手机就会不断向周边进行搜寻，一旦遇到同名的热点就会自动进行连接，存在被钓鱼风险。因此，当我们进入公共区域后，尽量不要打开WiFi开关，或者把WiFi调成锁屏后不再自动连接，避免在自己不知道的情况下连接上恶意WiFi。

第四，不要使用默认的账户或密码。可设置成字母加数字的高强度密码，尽量选择WPA2加密认证方式，相对复杂的密码也可大大提高黑客破解的难度。

第五，不管在手机端还是电脑端都应安装安全软件。对于黑客常用的钓鱼网站等攻击手法，安全软件可以及时拦截并提醒。

9 网络安全中的密码技术

9.1 密码是网络安全的关键技术

密码学的英语单词是Cryptograghy，是由希腊单词Kryptos（隐藏）和Graphin（写）派生出来的，最初代表的意思是用来隐秘地传递信息。密码学是研究编制密码和破译密码的技术科学，它一开始的功能是在有恶意攻击者存在的环境下，保护双方通信安全，现在是用来保护信息安全的核心技术。

密码学是网络空间安全的支撑，是网络通信与数据保密的重要保障。密码技术在古代就已经得到应用，但基本只应用在外交和军事等重要领域。第二次世界大战期间，数学家雷耶夫斯基和图灵等采用数学方法破解了德军密码Enigma，改变了世界格局。随着现代计算机技术的飞速发展，密码技术正在不断向更多其他领域渗透，现在它是集数学、计算机科学、电子与通信等诸多学科于一身的交叉学科。

在网络的传输中，基于TCP/IP协议栈封装的数据是明文传输的，这样就会存在很多潜在的危险。例如，密码、银行账户的信息被窃取、篡改，用户的身份被冒充，遭受网络恶意攻击等。

下面我们可以看到只在2021年第一季度就发生了多起数据泄露的事件：

1月10日，新西兰央行第三方托管提供商遭攻击，导致数据泄露。

1月11日，因存在漏洞，联合国暴露了环境规划署超10万名员工记录。

1月12日，笨鸟公司泄露400G数据，全球超2.14亿用户信息曝光。

1月12日，欧洲药品管理局宣布，黑客泄露了此前网络入侵中被盗的新冠疫苗信息。

1月27日，包含超过1.76亿巴基斯坦公民个人信息的数据库在网上出售。

3月2日，马来西亚航空披露遭遇长达9年的数据泄露事件，其会员个人信息被暴露。

3月5日，英国数据分析公司Polecat的一台未加密服务器暴露了大约30TB的数据，其中包括120亿条与社交媒体相关的记录。

3月22日，能源巨头壳牌安全文件共享系统被入侵，导致发生数据泄露事件。

3月24日，以色列大选前一天，650万选民的个人身份与登记信息被泄露。

3月29日，Clop组织声称可访问斯坦福大学等六所美国顶尖高校的学生和教职员工的财务文件和护照信息。

在网络中应用密码学技术，可对传输的数据进行保护处理，降低信息泄漏的风险。但密码本身也并不是坚不可摧，各种密码也会被破解，而密码就在这种创新和破解之中不断发展。

9.2 密码学的发展

9.2.1 密码学的发展规律

密码的历史几乎与文明的历史一样悠久。自从人们觉得有些东西应当保密以后，便发明并使用了密码。只要有宝藏的藏匿者，就会有宝藏的探寻者。密码学的发展史就是一部密码的编码者和破译者相互争强斗胜的历史。

数千年来，无论君王还是将军，都需要一套通讯模式来有效率地治理国家、指挥军队。他们深知，国家的机密信息一旦泄露，让敌国或反对势力窥探到关键信息，就会产生的严重后果。

密码学——一种将信息伪装，只让指定的收信人才能理解信息的技术——就是为了应对敌人拦截机密的威胁而发展出来的。为了保密，每个国家都设立了密码部门，发明及使用最好的密码来确保通信安全。相对地，敌方的解码专家则努力破解密码以偷取机密。这些译码专家可说是语言学的炼金术士，就像炼金术士想将石头炼成黄金，他们尝试从无意义的符号堆里揣度出合理的文字。密码学的历史其实就是几世纪以来编码者与译码者之间的战争史，他们的战争是一场影响历史走向的知识武器竞赛。

密码的发展过程犹如物种演化的生存竞争。每种密码都会持续遭受译码者的攻击。他们一旦研发出可以突破其要害的新武器；这类密码就再也派不上用途。它要不就此绝种，要不就演化成更强的新密码。同样地，这种新密码会继续繁衍，直到解码者辨识出它的弱点，如此不断循环下去。

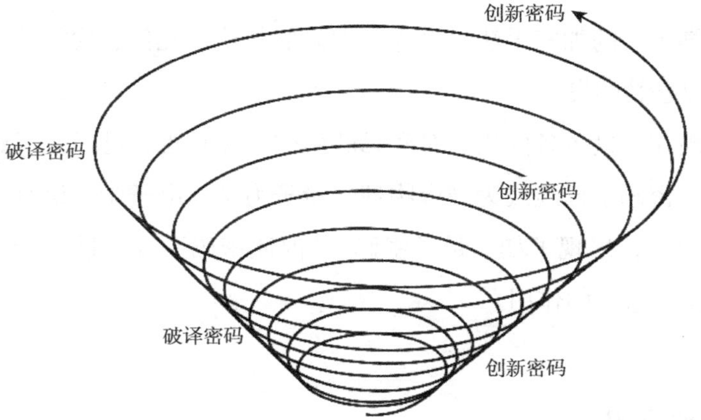

9.2.2 密码学发展的各个阶段

编码者与译码者的持久战事激发了一连串与时俱进的科学突破。编码者不断努力建造更强的密码系统来防卫通讯，译码者则不断发明更有威力的方法来破解密码。而密码学就在这场战事中不断发展、不断进化。

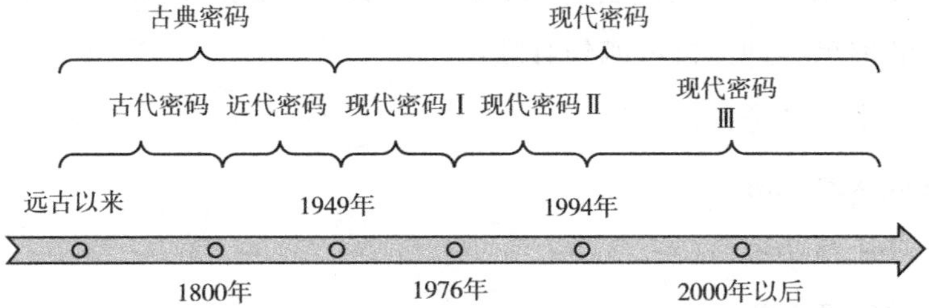

最开始的漫长时期是古典密码阶段，古典密码有着悠久的历史，从古代一直持续到计算机出现以前。随着工业革命的兴起，密码学进入了机器时代、电子时代。与人手操作相比，电子密码机使用了更先进、更复杂的加密手段，同时也有更高的加密解密效率。其中最具有代表性的就是恩尼格玛密码机（Enigma）。在这个时期，虽然加密设备有了很大的进步，但是密码学的理论却没有多大的改变，加密的主要手段仍是替代和换位。

直到1976年，计算机的出现使密码进行高度复杂的运算成为可能。为了适应计算机网络通信和商业保密的要求，产生了公开密钥密码理论，密码学才在真正意义上取得了重大突破，进入近代密码学阶段。近代密码学改变了古典密码学单一的加密手法，融入了大量的数论、几何、代数等知识，使密码学得到更蓬勃的发展。

到了现在，世界各国仍然对密码的研究高度重视，已经发展到了现代密码学阶段。密码学已经成为结合物理、量子力学、电子学、语言学等多个专业的综合科学，出现了如“量子密码”“混沌密码”等先进理论，在信息安全中起着十分重要的作用。

9.3 古典密码

在我国古代就有以藏头诗、藏尾诗、漏格诗及绘画等形式，将要表达的真正意思或“密语”隐藏在诗文或画卷中特定位置的记载，一般人只注意诗或画的表面意境，而不会去注意或很难发现隐藏其中的“话外之音”，在古典密码中叫作隐写术。如《水浒传》中，为了拉卢俊义入伙，“智多星”吴用和宋江便生出一段“吴用智赚玉麒麟”的故事，利用卢俊义正为躲避“血光之灾”的惶恐心理，口占四句卦歌：

芦花丛中一扁舟，
俊杰俄从此地游。
义士若能知此理，
反躬逃难可无忧。

暗藏“卢俊义反”四字。结果，成为官府治罪的证据，终于把卢俊义“逼”上了梁山。

更广为人知的是唐伯虎写的“我爱秋香”：

我画蓝江水悠悠，

爱晚亭上枫叶愁。

秋月溶溶照佛寺，

香烟袅袅绕经楼。

唐伯虎用这首优美的藏头诗含蓄地传达了自己的心意。接下来就让我们一起看看那些神奇的古代密码还有哪些故事吧。

9.3.1 滚筒密码

（1）斯巴达密码棒。

历史上第一件军用密码装置——公元前5世纪的斯巴达密码棒，密码棒是一根木棒，缠绕上一条皮革或羊皮纸，发信人在密码棒上横向写下信息，再解下这条皮带。展开来看，皮带上的长串字母没有任何意义，借此方法即可搅乱信息的内容。

斯巴达是古希腊的一个城邦，里面的人以骁勇善战著称。有一天，距城很远的兵营中来了一个专程从斯巴达城赶来送信的奴隶，兵营中有位名叫莱桑德的将军读了信以后，感到很失望，因为信中毫无重要消息，就随手把它扔到一边去了。可是，刹那间，将军锐利的目光好像发现了什么，他立即命令侍卫人员暂时回避，然后对这个奴隶说：“把腰带给我。”这是一条普通的腰带，只是与通常的略有不同，在腰带周围雕刻着一串字母，看上去毫无意义，大概只是作为装饰之用罢了。但当将军把腰带螺旋式地绕在一根棍棒上时，奇迹出现了，显现在棍棒上的字母不再是无意义的了。它告诉将军一个极其重要的消息：斯巴达当时的同盟者波斯人正在搞阴谋，企图谋反夺权。于是将军立即带着他的队伍急速返回斯巴达城，粉碎了这起叛乱。

（2）密码棒算法。

密码棒加密只打乱了字母的排列顺序，没有改变字母本身，这样的密码是一种置换密码，也叫移位密码。

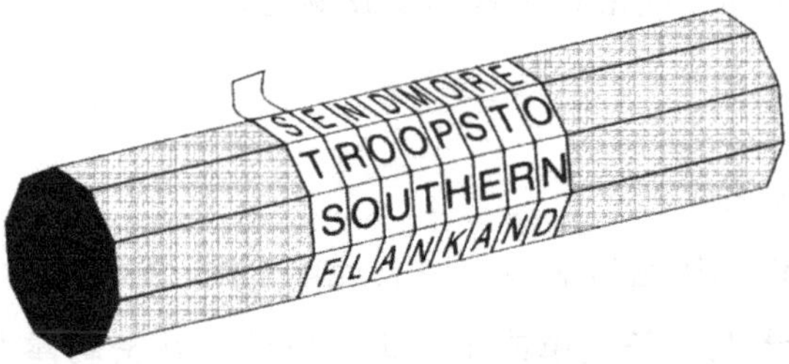

假设有一根密码棒，可写下四个字母使之围绕成圆圈且每行可写5个字母。若要加密文字："Help me I am under attack"（我在遭受攻击，请援助我）。先将纸条缠在密码棒上，然后依次写下要加密的文字：

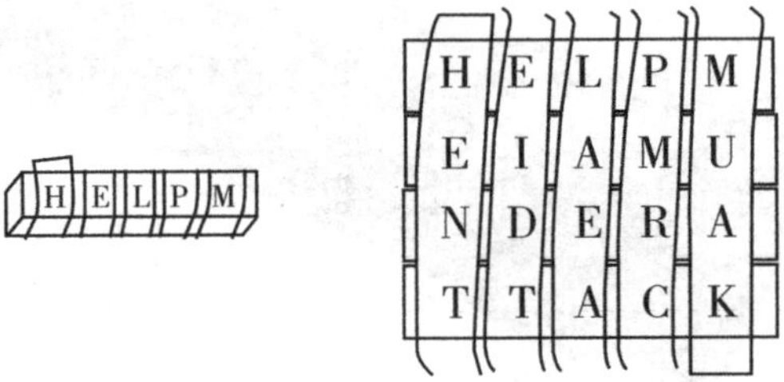

就可以得到密文："HENTEIDTLAEAPMRCMUAK"。

解密的方法其实就是使用相同宽度的密码棒将纸条再次缠上就能得到原本的句子。

在解密时要使用与加密时同样宽度的密码棒，即密码棒的宽度就是解密该密码的关键，也就是该密码的密钥。

9.3.2 恺撒密码

（1）恺撒的密信。

在密码学史上，载入史册的有很多“首次”的故事，但到如今，最被大家所熟知的就是我们这次要讲的恺撒密码。

恺撒除了是西方历史上著名的独裁者、阴谋家，他还十分热衷于密文写作。在高卢战争期间，他不仅把敌人打得落花流水，还建立了广泛、深入的情报网。在高卢战争的记载中，提到了他的好友罗马将领西塞罗被包围时，如何将消息通过密文传递给他。恺撒用密文的形式，是为了“当消息被敌人截获时，我们的对策不会被敌人发现”。

这个经典的密码是“VIMRJSVGIQIRXW SRXLI AEC”，其通过一个四位的移位替换加密完成，例如，将R向后数四位以后就变成了V。破译后，得到的句子为“REINFORCEMENTS ON THE WAY”，也就是“援军就在路上”。

（2）密码体制的基本要素。

根据前面两个故事，我们可以总结一下密码体制的基本要素：

• 明文空间M

所有可以被加密算法加密的元素组成的集合，加密算法的定义域。

明文空间的元素称为明文$m \in M$。

例如，在恺撒密码中，明文空间就是所有由英文字母组成的单词。

“REINFORCEMENTS ON THE WAY”就为恺撒密信的明文。

• 密文空间C

所有可以由加密算法输出的元素组成的集合，加密算法的值域。

密文空间的元素称为密文$c \in C$。

恺撒密信中加密后得到的“VIMRJSVGIQIRXW SRXLI AEC”就是密文。

• 密钥空间K

所有密钥组成的集合。密钥空间的元素称为密钥$k \in K$。

密钥就是解开密文的钥匙，在恺撒密码中，这把钥匙就是“4”，就是把字母往后推移的位数。

• 加密算法Ek（m）

根据密钥生成的将明文转化为密文的方法。

• 解密算法Dk（c）

根据密钥生成的将密文转化为明文的方法。

（3）恺撒密码算法。

我们继续看恺撒的密信，恺撒密码其实就是通过将句子中的字母，按照固定的数字向后推移，进行加密。如果到了“Z”这个字母，则返回ABCD继续排列进行加密即可。简单来说，恺撒密码中的加密算法就是字母的推移，而密钥就是推移字母的数字，很简单吧。

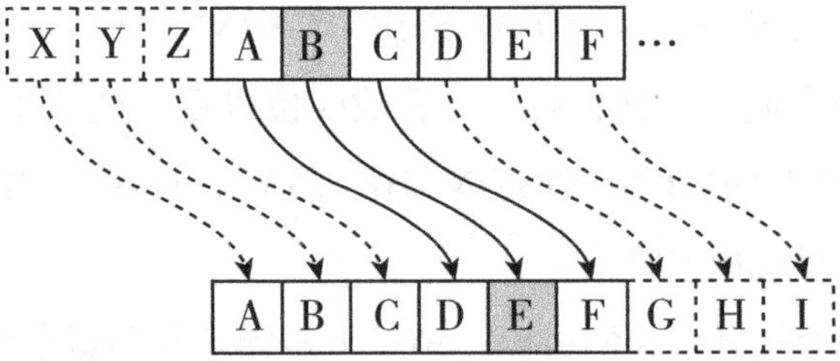

我们可以看到恺撒密码与滚筒密码的不同之处，恺撒密码是将明文的字母替换为密文的另一种字母，但是并没有改变字母排列的顺序，这样的密码我们称为代替密码，接收者只要对密文做反向替换就可以恢复明文中的内容。在现代密码出现之前，古典密码主要就是代替和移位两种方法。

接着我们总结一下恺撒密码的加解密算法：

加密算法：密文=（明文+位移数）Mod 26。

解密算法：明文=（密文-位移数）Mod 26。

其中位移数即为密钥。

Mod为取余运算，就是拿被除数除以除数以后取得余数的运算。在公式里理解成如果移位移到了最后一位，无处可移了，就移到第一位再从头开始向后移位。

以《数字城堡》中的一组密码为例：

HL FKZC VD LDS

只需把每个字母都按字母表中的顺序依次后移一个字母即可——A变成B，B就变成了C，依此类推。因此明文为：

IM GLAD WE MET（很高兴我们认识）

9.3.3 ADFGX密码

（1）密码让历史转了个弯。

1918年春季，第一次世界大战的交战双方——同盟国和协约国仍处于僵持状态。德国的潜艇并没能使英国因挨饿而投降，俄国退出了战争，美国宣布参战，德军统帅部十分明白，现在是一个稍纵即逝的战机。为了这次战役，德军开始了各种准备，包括设计一种新的战地密码。也就是所谓的ADFGX密码体制。它的密文只用到A、D、F、G、X这5个字母，这样可以使发报简单，而且这5个字母的摩斯电码区别非常清楚：A·—，D—···，F··—·，G——·，X—··—。收发报人员不会搞错。

这个密码是两种类型密码的结合。第一步使用坐标式换字表密码，这张表画出来被认为像国际象棋棋盘，所以又叫棋盘式换字表。第二步是用换位密码对上述密文再进行加密。这种密码用手工加密和解密费时不多，符合战地密码的基本要求。它进行了两次加密，在棋盘替换的基础上通过换位破坏了密文的统计规律性，增加了破译的难度。两种密钥还可以按约定随时更换，有效破译时间非常短暂，从而使破译更是难上加难。

	A	D	F	G	X
A	n	b	x	r	u
D	q	o	k	d	v
E	a	h	s	g	f
G	m	z	c	l	t
X	e	i	p	j	w

1918年3月5日，法军的无线电收报员第一次截收到了用ADFGX加密的信号。这种新密码的出现，意味着恐怖的春季攻势的开始。

破译这种新密码的任务落到了法军密码局最优秀的密码分析家乔治·潘万上校身上。在开头几个星期中，潘万苦于没有足够的密文供他分析，显得一筹莫展。但随着德军猛烈的推进，他们的无线电通信量剧增，潘万通过频率统计探明棋盘密钥每天都在更换，换位密钥大概也是每天一换。因此破译这种密码要求一天内有很大数量的密文。直到4月1日那天，法军截收到18份用ADFGX加密的电报。直觉告诉他：机会来了！潘万从两份开头部分相似的密文入手，进行了猜测和分析，再通过频率统计，掌握了破译这种密码的基本方法。

之后德军将棋盘扩大到了6×6，增加了字母v进行编码，但6月1日，潘万用24小时就找了这种新密码体制的特征，得到了德军6月1日的棋盘密钥和换位密钥。而此时自大的德军认为ADFGX密码用了这么多次也没被破译，现在改为ADFGVX，更不会被破译了，就没必要每天更换密钥了。在6月3日的密文电报使用了与6月1日相同的密钥，法国由此得知德国的进攻方向并做好了准备严阵以待，使德军损失惨重。形势从此开始好转，向有利于协约国的方向发展。

潘万对ADFGVX密码的破译，保证了协约国军队在贡比涅的反击，拯救了巴黎。可见，在影响战争命运的诸因素中，军事密码学家的工作有时是决定性的。

（2）ADFGX密码算法。

可以看出故事中的ADFGX和ADFGVX密码结合了之前所说的代替和置换两种基本加密方法。

首先构造密钥方阵：

	A	D	F	G	X
A	p	h	g	q	m
D	e	a	y	n	o
E	f	d	x	k	r
G	c	v	s	z	w
X	b	u	t	i	I

加密算法：

假设我们要加密字母a，先取出a同一行最左侧的字母D，再取出a同一列最顶部的字母D。以此类推，attack被加密为DD XF XF DD GA FG。

接下来再使用密钥为GERMAN的列换位密码对其再进行一次加密：

G	E	R	M	A	N
D	D	X	F	X	F
D	D	G	A	F	G

⇨

A	E	G	M	N	R
X	D	D	F	F	X
F	D	D	A	G	G

加密后的密文为：XF DD DD FA FG XG。

则得到两个密钥：用于代替加密的密钥方阵和用于置换加密的密钥。

解密算法：

解密时，先使用置换加密的密钥换序得到DD XF XF DD GA FG。

再使用代替加密的密钥方阵一一对应解得attack。

9.4 现代密码

古典密码十分容易被破解，完全扛不住现代计算机的狂轰乱炸。像前面说的几种古典密码，在计算机面前连一秒钟都不需要。基于强大的数学原理和计算技术，科学家们构筑起了稳健的现代密码学。

9.4.1 对称加密

（1）同一个密码，同一份心意。

使用“同一个密码”进行加解密的对称加密就是现代密码学十分典型的一种。

今年情人节，男生出差了，不能跟女生一起度过。不过，女生收到了男生送来的一个上锁的盒子，里面藏着今年情人节的小礼物。而这个盒子经过了好几个朋友依次传递送达，却没有任何一个朋友能够知道里面的小礼物究竟是什么。

为什么呢？因为只有女生才知道密码！早在男生出差之前，他就已经和女生讨论决定，用他们的纪念日“20200202”作为礼物的密码。保险箱可以由你随意研究，甚至你可以在淘宝上买到同款保险箱，但是不知道密码，任何其他人都不可以解开这个箱子。

（2）对称加密算法。

从前面的故事中我们可以了解到对称加密的加解密过程。

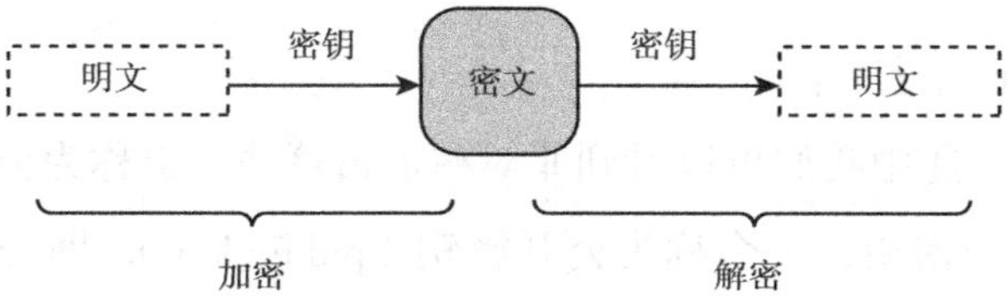

数据加密过程：在对称加密算法中，数据发送方将明文（原始数据）和加密密钥一起经过特殊加密处理，生成复杂的加密密文进行发送。

数据解密过程：数据接收方收到密文后，若想读取原数据，则需要使用加密使用的密钥及相同算法的逆算法对加密的密文进行解密，才能使其恢复成可读明文。

基于对称加密这种原理衍生出了两类算法：

流加密算法：基于异或（XOR）操作，每次只操作一个字节，常见的流密码加密算法有：RC4、ORYX、SEAL。

分组加密算法：分组加密算法的输入为明文分组和密钥，明文被分为两半，这两半数据通过多次处理后组合成密文分组，每轮的输入为上轮的输出，同时子密钥也由密钥产生，典型的分组长度是64位。

分组算法包括以下几种：数据加密标准（DES）、三重数据加密算法（3DES）、高级加密标准（AES）、对称分组密码算法（IDEA）等。

9.4.2 非对称加密

（1）公开投递，钥匙却在我手里。

窈窕淑女，君子好逑。男生爱上了一个女生，却还没有勇气表白。与所有其他的追求者一样，男生还不可能跟女生有提前约定的密码。

这天，男生写了一封长长的信件来倾诉他的情意。而男生不想让自己的小秘密被其他同学知道，他该怎么办呢？男生了解到了女生有一个只有她自己才有钥匙的信箱，于是他把信件投到了女生的信箱。这个信箱的钥匙，只有女生才有，这封信件，也就只有女生才可以读到。

男生和女生不需要提前约定密码。女生的信箱用来加密，所有追求者都知道她的信箱，都可以投递信件。女生的钥匙用来解密，只有女生自己可以打开信箱。

（2）非对称加密算法。

从前面的描述中我们可以看到非对称加密算法，也称为公开密钥加密算法。它需要两个密钥，一个称为公开密钥（public key），即公钥，也就是前面故事中女生的信箱；另一个称为私有密钥（private key），即私钥，也就是故事里女生信箱的钥匙。

因为加密和解密使用的是两个不同的密钥，所以这种算法称为非对称加密算法。

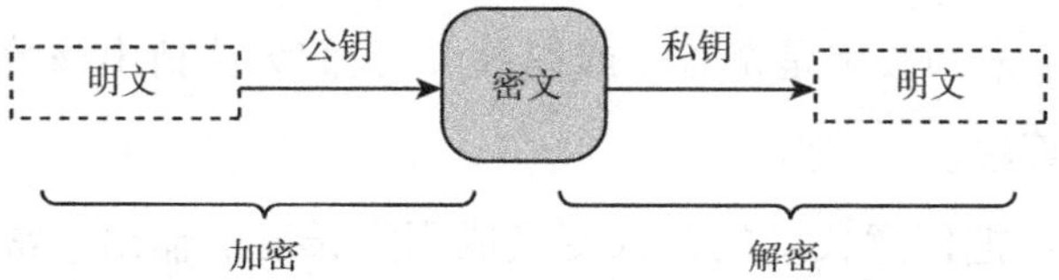

如果使用公钥对数据进行加密，只有用对应的私钥才能进行解密。

如果使用私钥对数据进行加密，只有用对应的公钥才能进行解密。

目前比较常用的非对称加密算法，主要包含DH、RSA和DSA算法。DH算法一般用于双方协商出一个对称加密的密钥，RSA公钥加密算法是目前最有影响力的公钥加密算法，它能够抵抗到目前为止已知的所有密码攻击，已被推荐为公钥数据加密标准，是第一个能同时用于加密和数字签名的算法。DSA的安全性与RSA相比差不多，和RSA不同之处在于它不能用作加密和解密，也不能进行密钥交换，只用于签名，它比RSA要快很多。

9.4.3 散列算法

（1）原理。

哈希，英文是hash，本来意思是“切碎并搅拌”，有一种食物就叫Hash，就是把食材切碎并搅拌一下做成的。哈希函数的运算结果就是哈希值，通常简称为哈希。哈希函数有时候也翻译成散列函数，也就是把数据拆散然后重新排列。

一般我们提到哈希算法，都会关联到密码学、安全性等场景中，实际上

我们很早就接触了一种完全“非密码学”的哈希场景，如小时候跟老师学习判断一个数是奇数还是偶数。

从本质上看，哈希函数的目的是将巨大（甚至无穷大）数量的事物映射到一个相对较小的数据集中。这与判断数字奇偶是相通的。不管某个数字有多大多奇特，我们永远可以将它“压缩”成奇数或偶数，用1或0表示就可以。但是只说明某个未知数字是奇数（或偶数），我们无法猜出该数字的准确值。

（2）散列算法。

散列算法：把任意长度的输入变换成固定长度的输出。常见散列算法包括信息认证代码（MD5）、安全哈希算法（SHA）和国密算法（SM3）。

信息认证代码是计算机安全领域广泛使用的一种散列函数，用以提供消息的完整性保护。安全哈希算法主要适用于数字签名标准里面定义的数字签名算法。国密算法是国家密码管理局编制的商用算法，用于密码应用中的数字签名和验证、消息认证码的生成与验证以及随机数的生成，可满足多种密码应用的安全需求。

9.4.4 密码学的应用

密码学的应用主要有数字信封、数字签名和数字证书。

（1）数字信封。

鲍勃想把礼物安全地寄给爱丽丝，他有一个箱子和这个箱子的钥匙，还有一个只有爱丽丝有钥匙的箱子，他该怎么做呢？答案很简单，把礼物放到有钥匙的箱子里锁起来，再把这个箱子的钥匙放到只有爱丽丝有钥匙的箱子里锁起来，把他们一起寄给爱丽丝就可以了。

前面的故事就描述了数字信封的原理，在操作过程中，甲事先获得乙的公钥，具体加解密过程如下：

甲使用对称密钥对明文进行加密，生成密文信息，甲使用乙的公钥加密对称密钥，生成数字信封，甲将数字信封和密文信息一起发送给乙；乙接收到甲的加密信息后，使用自己的私钥打开数字信封，得到对称密钥，乙使用对称密钥对密文信息进行解密，得到最初的明文。

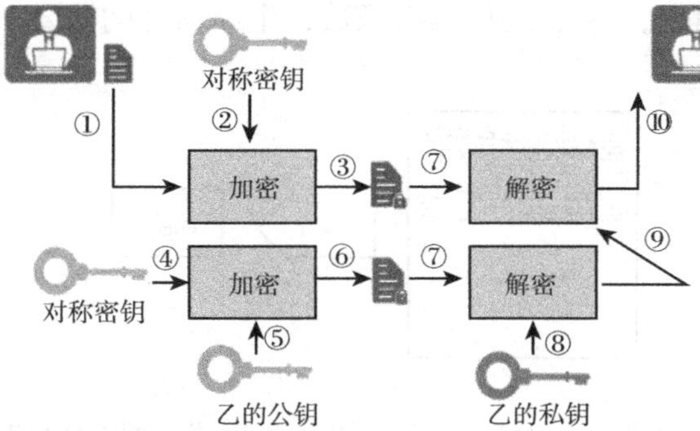

从加解密过程中可以看出，数字信封技术结合了对称密钥加密和公钥加密的优点，提高了安全性、扩展性和效率等。

（2）数字签名。

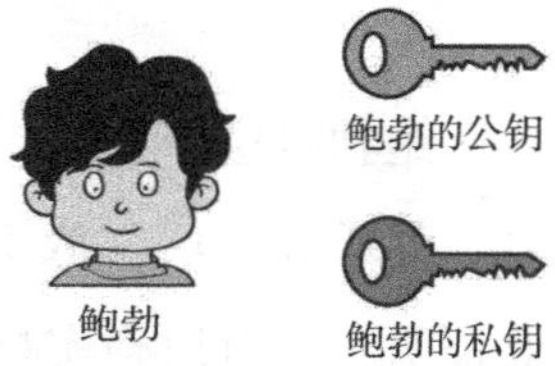

首先，我们来看看数字签名（Digital Signature）是什么？

鲍勃有两把钥匙，一把是公钥，另一把是私钥。

鲍勃把公钥送给他的朋友们：帕蒂、道格、苏珊每人一把。

苏珊给鲍勃写信，写完后用鲍勃的公钥加密，达到保密的效果。

鲍勃收信后，用私钥解密，看到信件内容。

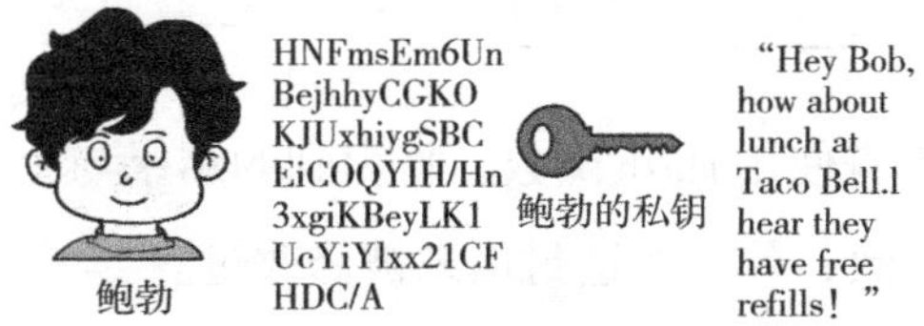

鲍勃给苏珊回信，写完后用Hash函数，生成信件的摘要（digest）。

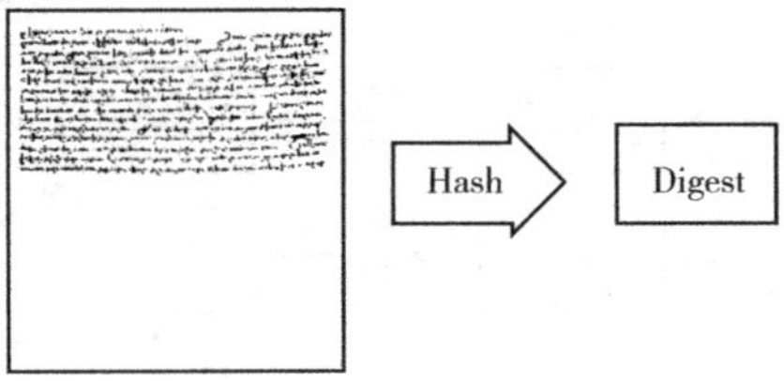

然后，鲍勃使用私钥，对这个摘要加密，生成”数字签名”（signature）。

鲍勃将这个签名，附在信件下面，一起发给苏珊。

苏珊收信后，取下数字签名，用鲍勃的公钥解密，得到信件的摘要。由此证明，这封信确实是鲍勃发出的。

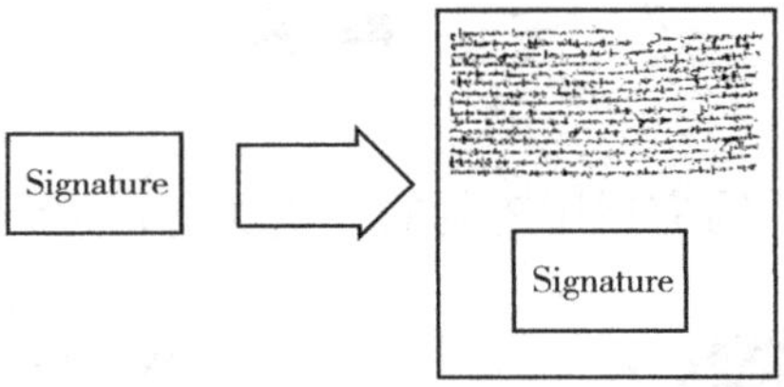

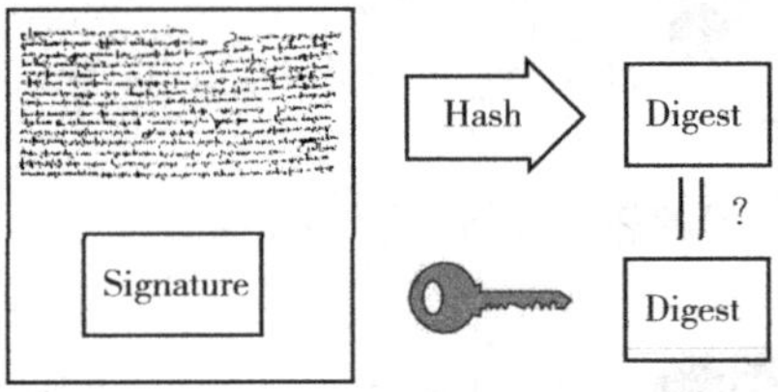

苏珊再对信件本身使用Hash函数，将得到的结果与上一步得到的摘要进行对比。如果两者一致，就证明这封信未被修改过。

从这个过程中可以看出，数字签名技术不但证明了信息未被篡改，还证明了发送方的身份。

（3）数字证书。

复杂的情况出现了。道格想欺骗苏珊，他偷偷使用了苏珊的电脑，用自己的公钥换走了鲍勃的公钥。因此，他就可以冒充鲍勃，写信给苏珊。

苏珊发现，自己无法确定公钥是否真的属于鲍勃。她想到了一个办法，要求鲍勃去找“证书中心”（certificate authority，CA），为公钥做认证。证书中心用自己的私钥，对鲍勃的公钥和一些相关信息一起加密，生成“数字证书”（Digital Certificate）。

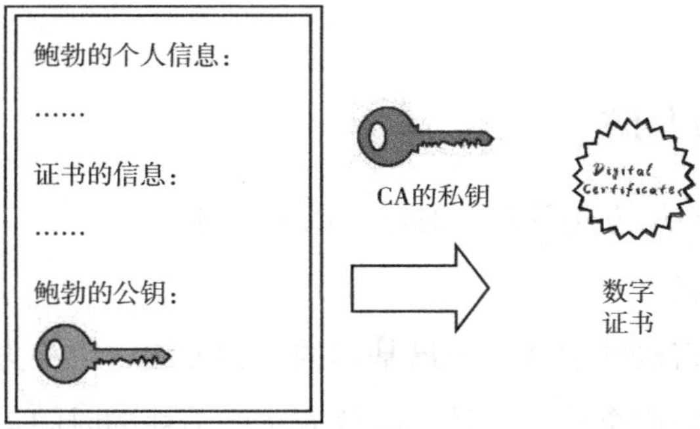

鲍勃拿到数字证书以后，就可以放心了。以后再给苏珊写信，只要在签名的同时，再附上数字证书就行了。

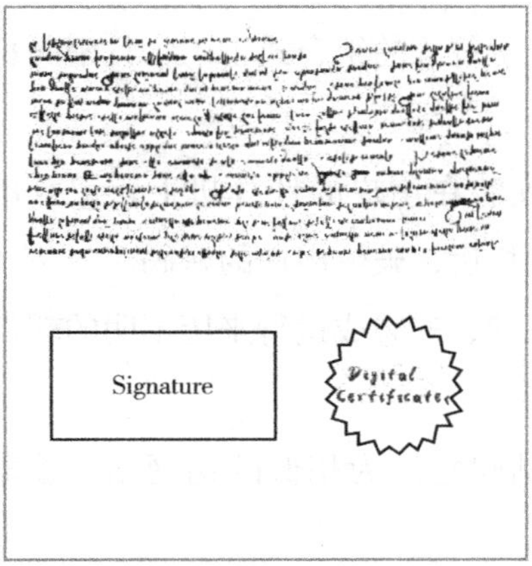

苏珊收信后，用CA的公钥解开数字证书，就可以拿到鲍勃真实的公钥了，然后就能证明“数字签名”是否真的是鲍勃签的。

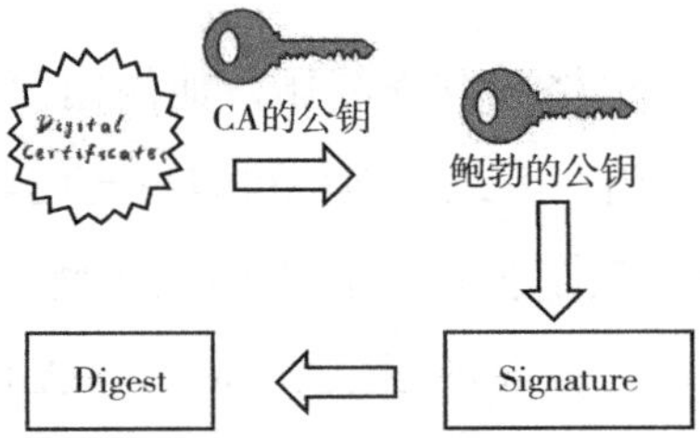

从故事里我们可以看出，数字证书通过第三方机构（CA）对公钥进行公证，保证了数据传输的不可否认性。

9.5 密码的攻与防

常用的密码破解方法及防护对策有以下几种。

（1）暴力破解。

暴力破解是密码破解技术中最基本的一种方法，也称为暴力穷举，就是把所有可能的密码逐个试探。暴力破解方法所消耗的时间与密码复杂度成正比，再加上一些信息系统的连接限制和验证码技术，所有破解难度比较大，成功率也比较低。

防护方法：尽量设置复杂的、较长的密码。例如，同时使用大写字母、小写字母、数字、特殊字符等的组合式密码，且密码长度在6位以上。

（2）木马窃取。

黑客把木马程序安装在用户的计算机上，记录用户的操作并发送给自己，然后对记录内容分析后，破解用户的密码。

防护方法：不要下载、安装或运行来历不明的软件。

（3）钓鱼网站。

黑客模仿正规网站建立极为相似的伪网站，骗取用户的账号、密码等信息。

防护方法：不要在非正规网站完成银行交易，浏览重要网站时，注意观察网址是否与正规网站相同。

（4）密码记忆。

很多浏览器为了方便用户使用，都有记忆密码的功能，其实这种被记录的密码是很容易被破解的。

防护方法：不使用记忆密码功能，在其他系统里也减少使用“记住密码”功能，还可以防止有人不用输入密码就登录你的账户恶意操作。

（5）密码猜测。

一些用户习惯用“111111”或者“123456”等很容易被猜到的密码，或者用自己的姓名拼音、生日、学号等信息作为密码，就有可能被别有用心的“内鬼”猜到。

防护方法：不要使用过于简单的密码，尽量设置得复杂和不容易被猜测。

（6）密码泄露。

用户由于缺乏安全意识，把密码告诉别人或者把密码记在笔记本上，笔记本又没有妥善保管，导致密码的泄露。

防护方法：密码告诉他人后及时修改密码，将密码保存在足够安全的地方。

（7）密码雷同。

很多用户习惯在很多地方使用同一个密码，这样一个密码泄露，所有系统的密码就都泄露了。

防护方法：各类系统不设置同一种密码，将涉及银行和支付的密码与其他密码做区分，保证财产安全。

这个设计密码的方法好记又安全，不妨一试：

①选定一个基础密码。选择一句对自己有意义又能容易记住的话，它可以是一句古诗、一段歌词、一句名人名言，又或者是你生编硬造的话，只要你能记住就行，然后取这句话的拼音或者英文单词首字母作为基本密码，如“生如夏花般灿烂”简写为“srxhbcl”。

②变形这个基础密码。密码的复杂度很重要，密码是否包含有大小写字母、数字、特殊符号的差别是巨大的。特殊符号因为没有意义，加入密码中会提高记忆难度，所以我们可以应用前面所介绍的几种方法，来将基础密码变形，比如说应用恺撒密码的原理，将基础密码中的字母和数字与相似的符号进行替换，例如，把a变成@，b变成&，c变成（，h变成#，s变成$，l变成！，x变成*，把2变成z，3变成e，4变成a，5变成s，7变成t，9变成g等。上述的“srxhbcl”就可以变成“$r*#&（！”。

③基础密码加入网站标识。取网站域名的第1、第2位字母和第3、第4位字母，分别加入基础密码的开头和结尾。

例如，baidu.com就是“ba$r*#&（！du”，google.com就是“go$r*#&（！le”。

到目前为止，我们就得到了一份可以应用于多个网站，看似乱码但极为安全且容易记的密码清单了。

最后提醒大家，用户名和密码是保证信息安全的一对钥匙，两者缺一不可，同样重要。在保护密码的同时，也要保护好自己的用户名。

时政篇

网络安全相关政策与发展

10 网络安全事件

10.1 国家级网络安全事件

“棱镜门”监听事件

棱镜计划（PRISM）是一项由美国国家安全局（NSA）自2007年小布什时期起开始实施的绝密电子监听计划，该计划的正式名号为“US-984XN”。英国《卫报》和美国《华盛顿邮报》2013年6月6日报道，美国国家安全局（NSA）和联邦调查局（FBI）于2007年启动了一个代号为“棱镜”的秘密监控项目，直接进入美国网际网络公司的中心服务器里挖掘数据、收集情报，包括微软、雅虎、谷歌、苹果等在内的9家国际网络巨头皆参与其中。

自“棱镜门”曝光以来，美国庞大监控计划的冰山一角已经暴露在各国面前。其对个人隐私几乎无孔不入的监控以及对其他国家网络的肆意入侵等丑恶行为已受到全世界的广泛关注和谴责。斯诺登向《明镜周刊》提供的文件显示，美国对中国进行了大规模网络攻击，目标是中国领导人和华为，同时还包括商务部、外交部、银行和电信公司等。

美国大选特朗普竞选网站被黑

据《纽约时报》2020年10月30日报道，美国总统特朗普的特别竞选网站最近遭到黑客攻击。特朗普用于宣传和推广的重要发票被篡改，230万美元被盗。此外，黑客还揭露了特朗普的“新丑闻”，并告诉外界“特朗普和外国人操纵了选举”和“美国新冠的来源”等负面评论。他们的网站被黑客攻击了将近半个小时，对特朗普产生了非常负面的影响。但在整个过程中，美国政府相关机构没有及时发现并阻止黑客的入侵。

10.2 社会性网络安全事件

滴滴违法收集用户个人信息

截至2020年12月，滴滴在乘客端拥有8157.3万活跃用户，比排名第二的嘀嗒出行多6358.1万。作为中国最重要的在线租车平台，滴滴使用大数据在“滴滴旅行”应用程序上捕获客户隐私数据，导致滴滴在美国上市后数据泄露。2021年7月4日，国家互联网信息办公室（以下简称“国家网络信息办公室”）发布通知称，“滴滴旅行”应用程序在违反法律法规收集和使用个人信息方面存在严重问题。根据《中华人民共和国网络安全法》的相关规定，国家网络信息办公室通知应用商店删除“滴滴旅行”应用。

挖矿木马

在你不知情的情况下，挖掘程序被植入你的计算机，这被称为“挖矿木马”。PC平台上的挖矿木马主要包括设置僵尸网络的挖掘木马和入侵网站植入网页的挖掘脚本。挖矿木马于2013年首次出现，2017年披露的挖矿木马攻击事件数量呈现出爆发性增长。其原因是比特币等虚拟数字货币交易的普及，吸引大量黑产从业人员进入挖矿产业。

2017年底，腾讯电脑管家发现一个名为“tlMiner”的挖矿木马的传播量达到峰值，12月20日，近20万台机器受到“tlMiner”影响，发现“tlMiner”针对“吃鸡”的玩家和网吧中的高端电脑，构建挖掘集群。腾讯电脑管家及时向山东警方提供案件线索，并于2018年4月11日协助警方成功破获389万台电脑重大采矿案，案值超过1500万元。

10.3 个人网络安全事件

B站某UP主遭勒索软件攻击

2020年4月，B站某up主（粉丝557万）发布了一条视频《我被勒索了！》，由于普通家用电脑和硬盘无法满足其视频业务的生产需要，该up主花了10多万元在公司内部网上构建了一个NAS系统。尽管它在启动之前经过了很长时间的测试和维护，但在使用的第一天就遭到黑客的攻击和恶意勒索。她制作的数百GB视频材料文件都被病毒加密绑架。黑客只留下一封勒索信：你想取回这些材料吗？支付赎金。

泸州“2·25侵犯公民个人信息案”

2021年2月25日，泸州合江县网络安全大队接到受害人郑某的报警，称他在招聘网站上提交简历后，接到许多人的骚扰电话，怀疑信息被泄露。经调查，警方发现一个专门倒卖招聘网站简历的犯罪团伙。2021年3月16日，警方集中在四川和河南，逮捕了27名犯罪嫌疑人，包括45部手机和15张银行卡等，其中包括一名电脑招募犯罪嫌疑人刘某某和一名数据贩运代理人。

10.4 网络安全事件原因及应急预案

10.4.1 网络安全事件原因分析

计算机信息系统并不安全，其不安全因素包括计算机信息系统本身、自然因素和人为因素。具体细化又可分为软件系统、硬件系统、环境因素和人为因素等几个方面。

（1）软件系统：软件系统一般包括系统软件、应用软件和数据库。软件是一种可以由机器用编程语言来处理的程序。此程序可能被篡改或被盗。软件一旦被修改或破坏，将破坏系统功能，甚至使整个系统瘫痪。数据库包含大量的数据，有些数据是有价值的，如果损坏，损失就很难评估。

（2）硬件系统：硬件是除软件外的所有硬件设备。这些电子设备最容易受到损坏或被盗，其安全访问控制功能仍然相对薄弱。信息或数据应通过通信线路在主机之间或主机、终端和网络之间传输，也可能在传输过程中被截获。

（3）环境因素：计算机设备本身存在电磁辐射问题。它还害怕外部电磁辐射和干扰。尤其是自身的辐射携带信息，容易被他人接收，导致信息泄露。辅助支持系统：水、电、空调的中断或异常也会影响系统的运行。自然因素：火、电、水、静电、灰尘、有害气体、地震、雷电、强磁场和电磁脉冲。其中一些危害会损坏系统设备，另一些危害会破坏数据，甚至会破坏整个系统和数据。

（4）人为因素：人为因素主要是由安全管理水平低、人员技术素质差、操作失误或失误、违法犯罪行为等造成的。

10.4.2　网络安全事件应急预案概述

《国家网络安全事件应急预案》中对网络安全事件进行了分类，包括有害程序事件、网络攻击事件、信息破坏事件、信息内容安全事件、设备设施故障、灾害性事件和其他事件。

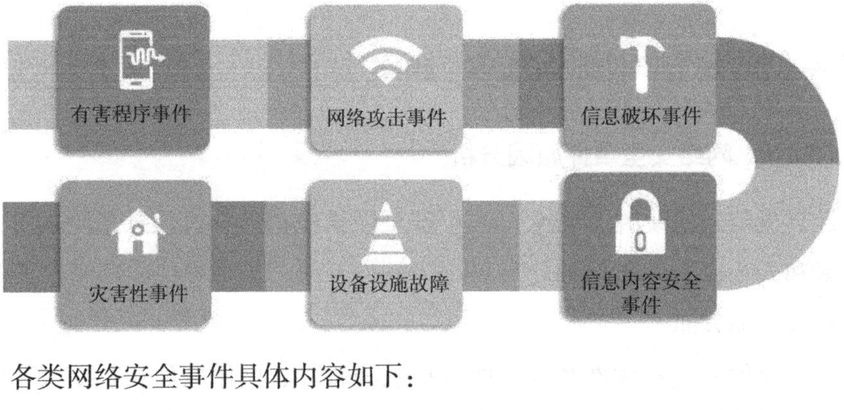

各类网络安全事件具体内容如下：

（1）有害程序事件：计算机病毒、蠕虫、特洛伊木马、僵尸网络、混合型程序攻击、网页内嵌恶意代码等。

（2）网络攻击事件：拒绝服务攻击、后门攻击、漏洞攻击、网络扫描窃听、网络钓鱼、干扰事件等。

（3）信息破坏事件：信息篡改、信息假冒、信息泄露、信息窃取、信息丢失事件等。

（4）信息内容安全事件：通过网络传播法律法规禁止信息，组织非法串联、煽动集会游行或炒作敏感问题并危害国家安全、社会稳定和公众利益的事件。

（5）设备设施故障：软硬件自身故障、外围保障设施故障、人为破坏事故等。

（6）灾害性事件：由自然灾害等其他突发事件导致的网络安全事件。

（7）不能归为以上分类的网络安全事件属于其他事件类型。

《国家网络安全事件应急预案》适用于网络安全事件的应对工作。其中，有关信息内容安全事件的应对方法，各单位或公司需要根据具体情况另行制定专项预案。

应急响应预案种类可分为：

（1）综合预案：是组织开展应急响应工作的指导性文件；

（2）专题预案：具体类型的安全事件解决方案；

（3）特定系统预案：特定环境下、特定安全事件的处理方案；

（4）单项预案：针对特定场景的一次性解决方案。

《国家网络安全事件应急预案》明确了《网络安全法》第五章“检测预警和应急预案”的具体实践方案，并将网络安全事件分为四级，应对四级预警等级和四级应急响应。

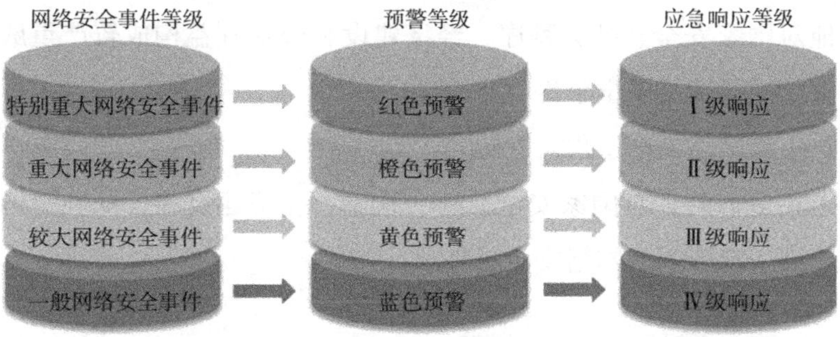

10.4.3 国家网络安全事件等级分类

不同类型的应急预案，对于安全事件等级、预警等级以及应急响应等级定义的范围不同，可根据具体情况参考《国家网络安全事件应急预案》进行学习和理解，规定如下：

（1）特别重大网络安全事件。

重要网络和信息系统遭受特别严重的系统损失，造成系统大面积瘫痪，丧失业务处理能力；

国家秘密信息、重要敏感信息和关键数据丢失或被窃取、篡改、假冒，对国家安全和社会稳定构成特别严重威胁；

其他对国家安全、社会秩序、经济建设和公众利益构成特别严重威胁、造成特别严重影响的网络安全事件。

（2）重大网络安全事件。

重要网络和信息系统遭受严重的系统损失，造成系统长时间中断或局部瘫痪，业务处理能力受到极大影响；

国家秘密信息、重要敏感信息和关键数据丢失或被窃取、篡改、假冒，对国家安全和社会稳定构成严重威胁；

其他对国家安全、社会秩序、经济建设和公众利益构成严重威胁、造成严重影响的网络安全事件。

（3）较大网络安全事件。

国家秘密信息、重要敏感信息和关键数据丢失或被窃取、篡改、假冒，对国家安全和社会稳定构成较严重威胁；

其他对国家安全、社会秩序、经济建设和公众利益构成较严重威胁、造成较严重影响的网络安全事件。

（4）一般网络安全事件。

除上述情形外，对国家安全、社会秩序、经济建设和公众利益构成一定威胁、造成一定影响的网络安全事件。

10.4.4 预警响应

（1）红色预警启动Ⅰ级响应。

应急办组织预警响应工作，联系专家和有关机构，组织对事态发展情况进行跟踪研判，研究制定防范措施和应急工作方案，协调组织资源调度和部门联动的各项准备工作；

有关部门网络安全事件应急指挥机构实施24小时值班，相关人员保持通信联络畅通，并加强网络安全事件检测和事态发展信息搜集工作。组织应急支撑队伍开展应急处置或准备、风险评估和控制等工作；

国家网络安全应急技术支撑队伍进入待命状态，针对预警信息研究制订应对方案，检查应急车辆、设备、软件工具等处于良好状态。

（2）橙色预警启动Ⅱ级响应。

有关部门网络安全事件应急指挥机构启动相应预案，组织展开预警响应工作，做好风险评估、应急准备和风险控制工作；

有关部门及时将事态发展情况报告应急办，应急办密切关注事态发展，有关重大事项及时通报相关部门。

（3）黄色和蓝色预警启动Ⅲ级响应和启动Ⅳ级响应。

有关地区和部门网络安全事件应急指挥机构启动相应应急预案，指导组织开展预警响应。

11 共建绿色网络安全生态

11.1 网络安全相关活动

全民国家安全教育日

全民国家安全教育日（National Security Education Day）是为了增强全民国家安全意识，维护国家安全而设立的节日。2015年7月1日，全国人大常委会通过的《中华人民共和国国家安全法》第十四条规定，每年4月15日为全民国家安全教育日。

2020年4月7日，司法部、全国普法办联合印发通知，在全国部署开展2020年全民国家安全教育日普法宣传活动，提高全体人民国家安全法治意识，营造维护国家安全的浓厚法治氛围，增强防范和抵御安全风险能力。活动主题为“坚持总体国家安全观，统筹传统安全和非传统安全，为决胜全面建成小康社会提供坚强保障”。

国家网络安全宣传周

“国家网络安全宣传周”即“中国国家网络安全宣传周”，是为了“共建网络安全，共享网络文明”而开展的主题活动，围绕金融、电信、电子政务、电子商务等重点领域和行业网络安全问题，针对社会公众关注的热点问题，从2014年开始，每年定期举办网络安全体验展等系列主题宣传活动，营造网络安全人人有责、人人参与的良好氛围。

首都网络安全日

2014年，北京市确定每年4月29日为“首都网络安全日”。

首届“首都网络安全日”以“网络安全同担，网络生活共享”为主题，倡导首都各界和网民群众共同提高网络安全意识、承担网络安全责任、维护网络社会秩序。

2020年，第七届“4.29首都网络安全日”持续围绕“网络安全同担、网络生活共享”的活动口号，以“齐心抗疫、净网护网”为年度主题。

11.2 网络安全相关部门

国家网信办

国家互联网信息办公室成立于2011年5月，是我国网络安全管理的最高行政机构。其主要职责：包括落实互联网信息传播方针政策和推动互联网信息传播法制建设，指导、协调、督促有关部门加强互联网信息内容管理，依法查处违法违规网站等。

国家安全部

中华人民共和国国家安全部是中华人民共和国国务院的组成部门，是中国政府的反间谍机关和政治保卫机关，可以行使宪法和法律规定的公安机关的侦查拘留、预审和执行逮捕的职权。1983年7月国家安全部由原中共中央调查部整体、公安部政治保卫局以及中央统战部部分单位、国防科工委部分单位合并而成。

公安部网络安全保卫局（11局）

随着科技的不断发展，网络逐渐成为人们用来进行网络犯罪的重要工具，但网警也随之而来。网警的全称是“公安部公共信息网络安全监察局”，其2010年后改为“网络安全保卫局”，主要负责计算机信息系统的安全防护，如查处计算机犯罪、计算机病毒等有害数据的防范和管理工作等。

国家密码管理局（国家商用密码管理办公室）

国家密码管理局全称为国家商用密码管理办公室，与中央密码工作领导小组办公室，实际上是一个机构两块牌子，列入中共中央直属机关的下属机构，服务于各级领导和党政机关。

工业和信息化部

中华人民共和国工业和信息化部（以下简称工信部），是根据2008年3月11日公布的国务院机构改革方案，组建的国务院组成部门。工信部的主要职责有拟订实施行业规划、产业政策和标准；监测工业行业日常运行；推动重大技术装备发展和自主创新；管理通信业；指导推进信息化建设；协调维护国家信息安全等。

国家保密局

国务院主管全国保密工作的职能部门。1988年4月国务院机构改革，国务院设立国家保密局，为国务院部委归口管理的国家局，是主管全国保密工作的职能部门。其主要任务是，加强保密工作方针、政策和理论的研究；不断完善各项保密法规，逐步建立起完备的保密法规体系；抓好全国保密工作的宏观管理、指导、检查、组织、协调等工作，维护国家的安全和利益，保障改革开放和社会主义建设事业的顺利进行。

其他部门

国家计算机网络应急技术处理协调中心（以下简称国家互联网应急中心）是中央网信办直属的公益二类事业单位，主要负责我国计算机网络应急技术支撑和协调工作。

国家计算机网络与信息安全管理中心是中央网络安全和信息化委员会办公室管理的机构。

国家计算机病毒应急处理中心是我国唯一的负责计算机病毒应急处理的专门机构，主要职责是快速发现和处置计算机病毒与网络攻击事件，保卫我国计算机网络与重要信息系统的安全。

计算机病毒防治产品检验中心是目前我国计算机病毒防治领域唯一获得公安部批准的病毒防治产品检验机构。

中国信息安全测评中心是我国专门从事信息技术安全测试和风险评估的权威职能机构。

11.3 网络安全相关法律法规

在网络活动中会产生各种社会关系，这些关系也需要调整和规范，这就是信息网络立法的基本依据。反过来，网络法律的建立、完善，必将促进社会信息化的健康发展。

1986年，深圳发生了中国第1例计算机犯罪案件，之后，类似案件的数量急剧上升，这一社会现象提示司法工作者应尽快形成结构严谨的网络安全法律规范体系，以适应社会发展变化的客观实际，使社会网络应用有序、健康发展。经过数年的完善和发展，中国已经建立了条款相对独立、内容相互补充的完整法律体系，基本上能有效调整和规范信息社会的新型社会关系。

11.3.1 国家安全法

《中华人民共和国国家安全法》(以下简称《国家安全法》)是为了维护国家安全，保卫人民民主专政的政权和中国特色社会主义制度，保护人民的根本利益，保障改革开放和社会主义现代化建设的顺利进行，实现中华民族伟大复兴，根据《中华人民共和国宪法》制定的法规。

2015年7月1日，第十二届全国人民代表大会常务委员会第十五次会议通过新的《国家安全法》，自2015年7月1日起正式实施。《国家安全法》明确了政治安全、国土安全、军事安全、文化安全、科技安全等11个领域的国家安全任务。

《国家安全法》包含七章。

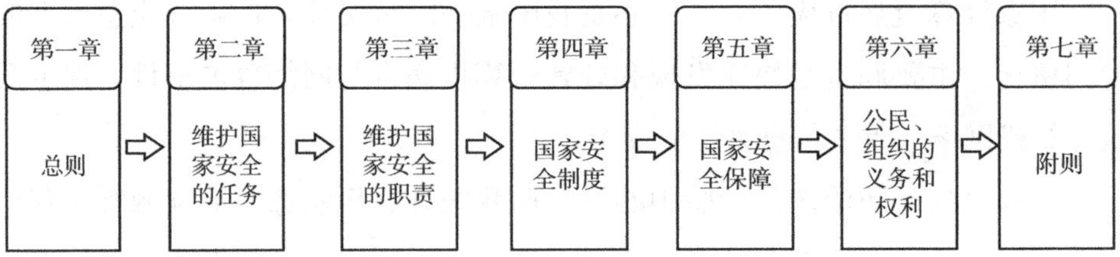

《国家安全法》是一部具有综合性、全局性、基础性的重要法律，是国家安全法律制度体系中的基本法律，起着统领作用。

“综合性”主要体现在：既公开、原则性地明确了维护国家安全的任务和职责，也明确了具有高操作性的国家安全制度和保障；既重申了《宪法》关于全国人大及其常委会、国务院、中央军委等国家机关维护国家安全的职责和公民维护国家安全的义务，也规定了维护国家安全具体制度机制方面的要求、保障措施等。

“全局性”主要体现在：这部法律立足当下，着眼长远，以法律的形式明确了国家安全领导体制，突出党对国家安全工作的集中统一领导，对全党、全国、全社会共同维护国家安全明确了法律要求，同时统筹国际国内两个大局，对当前和今后一个时期维护国家安全的主要任务和保障作出部署。

“基础性”主要体现在：这部法律为国家安全法律体系的建设和完善提供了完整的框架，保留了重要接口，将对我们不断完善国家安全法律制度体系，提供坚实有力的法律和制度支撑。

11.3.2　网络安全法

《中华人民共和国网络安全法》是为保障网络安全，维护网络空间主权和国家安全、社会公共利益，保护公民、法人和其他组织的合法权益，促进经济社会信息化健康发展而制定的法律。

2016年11月全国人大常委会表决通过了《中华人民共和国网络安全法》（以下简称《网络安全法》），自2017年6月1日起正式实施，《网络安全法》是中国第一部有关网络安全的基础性，“大纲性”的法律。

网络安全法包含七章。

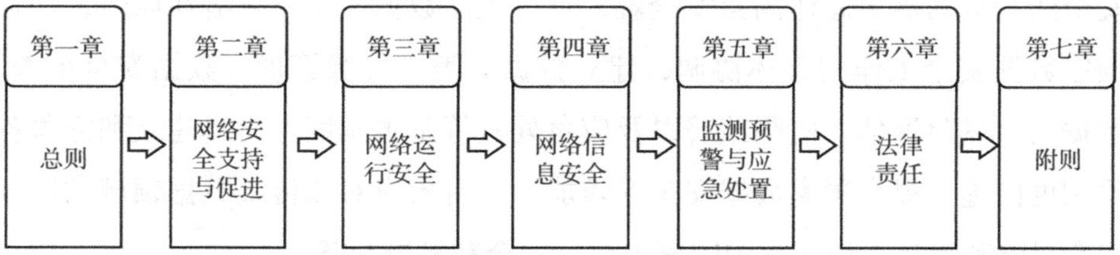

作为“基本法”,《网络安全法》解决了以下几个问题：一是明确了部门、企业、社会组织和个人的权利、义务和责任；二是规定了国家网络安全工作的基本原则、主要任务和重大指导思想、理念；三是将成熟的政策规定和措施上升为法律，为政府部门的工作提供了法律依据，体现了依法行政、依法治国要求；四是建立了一系列国家网络安全基本制度。这些基本制度具有全局性和基础性，是推进工作、防范重大风险的需要。

《网络安全法》对于确立我国网络安全基本管理制度具有里程碑式的重要意义。

11.3.3 数据安全法

《中华人民共和国数据安全法》是为了规范数据处理活动，保障数据安全，促进数据开发利用，保护个人、组织的合法权益，维护国家主权、安全和发展利益，制定的法律。

2021年6月10日，第十三届全国人民代表大会常务委员会第二十九次会议通过《中华人民共和国数据安全法》(以下简称《数据安全法》)，自2021年9月1日起正式实施。

《数据安全法》包含七章。

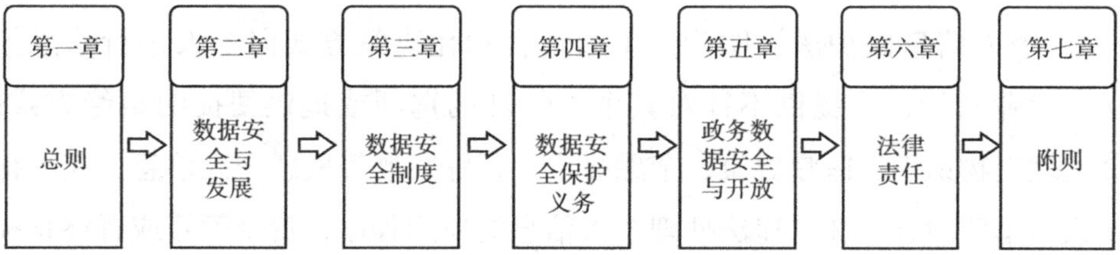

数据是国家的基本战略资源。没有数据安全，就没有国家安全。《数据

安全法》贯彻落实总体国家安全观，重点关注数据安全领域潜在风险，加强国家数据安全工作的整体协调，建立数据分类与分级管理、数据安全审查、数据安全风险评估、监测预警以及应急处置等基本制度。通过建立和完善各项制度措施，提高国家数据安全保障能力，有效应对非传统数据领域的国家安全风险和挑战，切实维护国家主权、安全和发展利益。

《数据安全法》兼顾安全和发展，规范数据的同时，促进数据安全和支持发展的防范措施，并相应地促进政务数据的开放，通过促进数据按照合理有效的使用，充分发挥资源在数据基础和创新引擎中的作用，加快形成以创新为主要引领和支撑的数字经济，更好地服务我国经济社会发展。

11.3.4 个人信息保护法

《中华人民共和国个人信息保护法》是为了保护个人信息权益，规范个人信息处理活动，保障个人信息依法有序自由流动，促进个人信息合理利用而制定的法律。

2021年8月20日，十三届全国人大常委会第三十次会议表决通过《中华人民共和国个人信息保护法》(以下简称《个人信息保护法》)。自2021年11月1日起施行。

《个人信息保护法》包含八章。

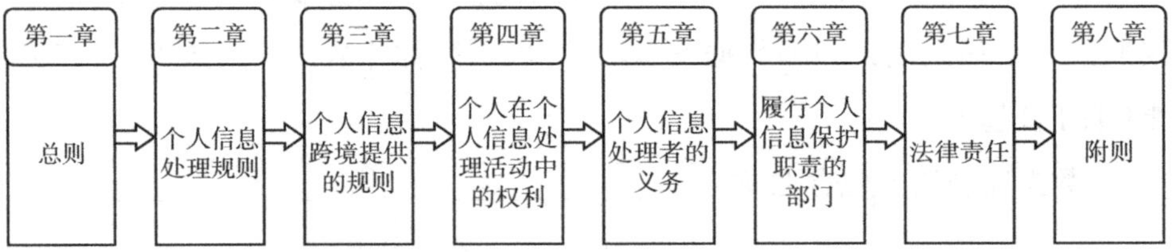

《个人信息保护法》明确：①通过自动化决策方式向个人进行信息推送、商业营销，应提供不针对其个人特征的选项或提供便捷的拒绝方式；②处理生物识别、医疗健康、金融账户、行踪轨迹等敏感个人信息，应取得个人的单独同意；③对违法处理个人信息的应用程序，责令暂停或者终止提供服务。

这部专门法律充分回应了社会关切，为破解个人信息保护中的热点难点问题提供了强有力的法律保障。其出发点是保护个人对于个人信息处理享有的权利，厘清企业等个人信息处理者应当遵循的规则和履行的义务，同时明确违法和侵权行为的法律责任。

11.3.5 以案说法

（1）张某某宣扬恐怖主义、极端主义案。

【基本案情】

2016年初，张某某通过手机移动上网下载暴力恐怖视频和图片。2016年2月至2016年10月，张某某先后将下载的部分暴力恐怖视频和图片上传至QQ空间，供他人浏览。

【裁判结果】

法院经依法审理，认定被告人张某某犯宣扬恐怖主义、极端主义罪，判处有期徒刑二年三个月，并处罚金人民币5000元。

【法律链接】

《国家安全法》第二十八条　国家反对一切形式的恐怖主义和极端主义，加强防范和处置恐怖主义的能力建设，依法开展情报、调查、防范、处置以及资金监管等工作，依法取缔恐怖活动组织和严厉惩治暴力恐怖活动。

《反恐怖主义法》第四条第二款　国家反对一切形式的以歪曲宗教教义或者其他方法煽动仇恨、煽动歧视、鼓吹暴力等极端主义，消除恐怖主义的思想基础。

《刑法》第一百二十条之三　以制作、散发宣扬恐怖主义、极端主义的图书、音频视频资料或者其他物品，或者通过讲授、发布信息等方式宣扬恐怖主义、极端主义的，或者煽动实施恐怖活动的，处五年以下有期徒刑、拘役、管制或者剥夺政治权利，并处罚金；情节严重的，处五年以上有期徒刑，并处罚金或者没收财产。

（2）邵保明等侵犯公民个人信息案。

非法出售户籍信息、手机定位、住宿记录等个人信息，构成侵犯公民个人信息罪。

【基本案情】

2016年初，被告人邵某某、康某、王某、陆某某分别以“大叔调查公司”的名义向他人出售公民个人信息，被告人倪某某不久后参与。五个被告人通过在微信朋友圈发布出售个人户籍、车辆档案、手机定位、个人征信、旅馆住宿等各类公民个人信息的广告的方式寻找客户，接单后通过微信向上家购买信息或让其他被告人帮忙向上家购买信息后加价出售，每单收取10元至1000余元不等的费用。经查，被告人邵某某获利人民币26000元，被告人康某获利人民币8000元，被告人倪某某、王某、陆某某各获利人民币5000元。

【裁判结果】

浙江省某市人民法院判决认为：被告人邵某某、康某、倪某某、王某、陆某某单独或伙同他人，违反国家有关规定，向他人出售公民个人信息，情节严重，其行为均已构成侵犯公民个人信息罪。综合考虑被告人的坦白、退赃等情节，以侵犯公民个人信息罪判处被告人邵某某有期徒刑一年三个月，并处罚金人民币8000元；被告人康某有期徒刑一年，并处罚金人民币4000元；被告人倪某某、王某、陆某某各有期徒刑十个月，并处罚金人民币2000元。该判决已发生法律效力。

【法律链接】

《网络安全法》第四十四条　任何个人和组织不得窃取或者以其他非法方式获取个人信息，不得非法出售或者非法向他人提供个人信息。

《刑法》第二百五十三条之一违反国家有关规定，向他人出售或者提供公民个人信息，情节严重的，处三年以下有期徒刑或者拘役，并处或者单处罚金；情节特别严重的，处三年以上七年以下有期徒刑，并处罚金。违反国家有关规定，将在履行职责或者提供服务过程中获得的公民个人信息，出售或者提供给他人的，依照前款的规定从重处罚。窃取或者以其他方法非法获取公民个人信息的，依照第一款的规定处罚。

11.4 知法守法，依法维权

11.4.1 知法守法

网络在信息社会中发挥着越来越重要的作用。然而，无论网络功能变得如何强大，它也是人类文明创造出来的一种工具，它本身并没有思想，即使具有某种程度的智能，也是人类赋予它的。所以，我们每个人在使用网络时，必须遵守人类社会所共有的道德规范，与各种不道德行为和犯罪行为做斗争。

随着人类社会的不断进步和发展，人们越来越重视法律，法律体系的完善也日益成为一个国家现代化程度高低的衡量标准。现代社会是一个法制社会，作为一名守法公民，我们应该学法、懂法、守法。

针对守法公民来说，在上网时应遵循以下几点：

1. 不传播谣言，不散播虚假消息；
2. 不制作垃圾邮件，不传播垃圾邮件；
3. 不制作网络病毒，不传播网络病毒；
4. 不在网上对他人进行人身攻击、侮辱和谩骂；
5. 不窥探、传播他人隐私；
6. 不参与制作、传播网络色情；
7. 不参与网络诈骗；
8. 不盗用他人网络账号，不冒用他人身份信息；
9. 不炒作暴力、怪异等低俗内容。

11.4.2 依法维权

虽然网络是一个虚拟社区，但进入网络的人会拥有许多个人权利，如网络个人隐私权和网络名誉权等。然而，越来越多侵犯人权的行为正在增加。随着公民主体意识和权利意识的逐渐提高，人们在互联网上维护个人权利的意识也逐渐被重视起来。目前，越来越多的人开始关注网络侵权问题。

一、网络个人隐私权

男孩小林喜欢女孩小王，但女孩不接受他的喜欢，而是开始接触另一个男孩小李。

小王和小李一直在使用QQ和电子邮件进行沟通、约会和会面等。奇怪的是，小林总是知道小王和小李谈论了什么以及他们约会的日期等，并且经常在某些场合提到。直到最后，小林本人在一次谈话中意外地暴露了出来。事实证明，小林并没有放弃，而是通过电子邮件向小王的电脑发送了一个木马程序。通过这个木马程序，小林获取了小王的QQ和电子邮件的密码。小林可以看到小王在计算机上的所有操作，即小王的电脑什么时候启动、什么时候关机、启动后打开什么Word文档等，都会被小林用的木马程序以文本的形式定期记录下来。

在这个案例中，小林严重侵害了小王和小李的网络隐私权。

1890年，美国法学家路易斯·布兰蒂斯和萨莫尔·华伦发表了一篇论文《隐私权》，它是最早提出“隐私权”一词的文献。发展到现在，它已经成为公认的独立的人格权。

网络个人隐私权是指公民在互联网上享有的私人生活安宁与私人信息依法受到保护，不被他人非法侵犯、知悉、收集、复制、公开和利用的一种人格权；也指禁止在互联网上泄露一些与个人有关的敏感信息，包括事实、图像等。

这个概念主要包括两个方面：一方面，用户有权依法保护个人的生活安宁，保护个人信息隐私不被他人非法侵扰、知悉收集、利用和公开，即不受侵扰；另一方面，用户能够自由决定个人生活和个人信息的状况和范围，并且可以加以利用，即个人对于应有权主动控制和支配自己的个人隐私。

普法小课堂

网络个人隐私权

我国《计算机信息网络国际联网安全保护管理办法》第七条规定："用户的通信自由和通信秘密受法律保护。任何单位和个人不得违反法律规定，利用国际联网侵犯用户的通信自由和通信秘密。"

《计算机信息网络国际联网管理暂行规定实施办法》第十八条规定："不得擅自进行未经许可的计算机系统，篡改他人信息；不得在网络上散发恶意信息，冒用他人名义发出信息，侵犯他人隐私。"

这些规定虽然只保护了部分网络隐私权，但表明我国网络隐私权的法律保护已经开始呈现部门化、独立化、专业化的趋势，旨在保护个人网络隐私的单独法律法规的制定也将提上日程。

二、网络个人名誉权

2020年7月7日，杭州吴女士在取快递的过程中，某超市老板郎某偷拍吴女士，并与何某编造聊天记录造谣吴女士出轨快递员。8月初，造谣内容被打包转发，流传到网络上。8月13日，造谣的郎某、何某被行政拘留9日。在这个过程中，吴女士的生活和工作都受到了严重的困扰，不仅工作丢了，而且被诊断患上了抑郁症。在吴女士进行维权后，12月14日，吴女士被造谣出轨快递员刑事自诉立案。2020年12月25日，杭州市公安局余杭区分局对郎某、何某以涉嫌诽谤刑事立案侦查。至此这个案件的性质发生了重大转变——由一起自诉案件转为公诉案件。2021年2月26日，杭州市余杭区人民检察院依法将被告人郎某、何某涉嫌诽谤一案向余杭区人民法院提起公诉。2021年4月30日，"杭州取快递女子被造谣"一案在浙江省杭州市余杭区人民法院一审开庭审理。被告人郎某在庭上表示，其对所犯行为感到后悔，想跟吴女士说对不起，向吴女士家人、朋友，跟全社会说声抱歉，希望能从轻处罚。吴女士表示，道歉是对方的权利，但她拒绝接受。“案件发生到现在快十月，如果是有诚意的道歉，那来得太晚了”。两被告人郎某、何某犯诽谤罪，判处有期徒刑1年，缓刑2年，两被告表示服从判决，认罪认罚。

人的名誉指的是具有人格尊严的声誉，是人格的重要组成部分，受法律的保护。任何人不得损害公民和法人的名誉。任何有损他人名誉、损害他人形象的行为都是对名誉权的侵犯，行为人应当承担法律责任。

侵犯网络名誉权，是指利用计算机和网络技术，通过互联网发布在互联网上制作和上传的各种作品，包括文字、图片、声音、动画等，侵犯公民或法人的名誉，降低或减损其社会评价的行为。

根据其内容，网络名誉侵权一般可分为两类：一类是诽谤，即通过捏造和散布谣言或者泄露他人隐私来污蔑他人人格，致使他人名誉下降的行为；另一类是侮辱，即通过语言、文字等方式讽刺挖苦他人人格，致使他人名誉下降的行为。互联网上的名誉权与传统法律体系中的名誉权相比，除了表达方式或传播工具上有不同以外，本质上没有区别。但是，虽然仅有这样一点不同之处，却给侵权人带来了更便利的侵权条件——在现实社会中，消息的有效传播必须依靠有限的媒体或口头传播，传播的速度和范围是有限的；但在互联网上，依靠个人主页、论坛、聊天室、电子邮件等各种技术手段，将消息传播到全世界用户的电脑上只需要几分钟的时间。手段简单，但产生的后果相当严重，这些都是现实社会难以比拟的。同时，这也给受害人制止侵权、消除影响带来了更大的困难。

普法小课堂

网络名誉权

《民法通则》第一百零一条规定：“公民、法人享有名誉权，公民的人格尊严受法律保护，禁止用侮辱、诽谤等方式损害公民法人的名誉。”第一百二十条规定："公民的姓名权、肖像权、名誉权、荣誉权受到侵害的，有权要求停止侵害，恢复名誉，消除影响，赔礼道歉，并可以要求赔偿损失。"

《互联网电子公告服务管理规定》第九条规定："任何人不得在电子公告服务系统中发布含有下列内容之一的信息：……（八）侮辱或者诽谤他人，侵害他人合法权益的。"

由此看来，侵犯网络名誉权不仅是道德层面上的问题，也是违法行为，因此，青少年在网上发表观点和文章时，一定要注意不要侵犯他人的名誉权。不要以为网络只是个虚拟空间，没有人会追究你的责任，要知道在网上侮辱、诽谤他人，一样会受到法律的制裁。

12 前沿科技与安全

12.1 大数据

12.1.1 基本概念

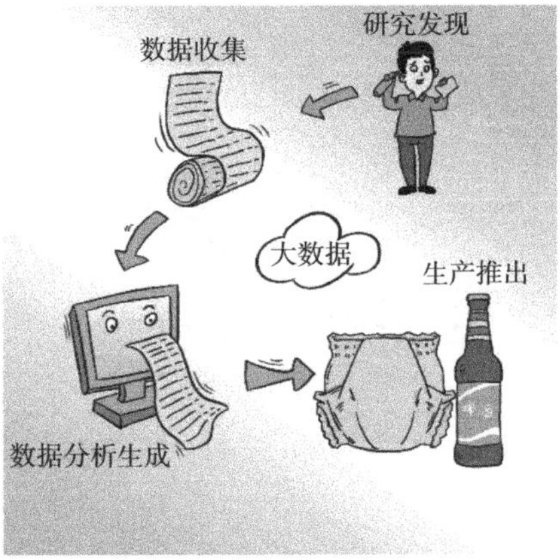

全球零售业巨头沃尔玛在分析消费者购物行为时发现，男性顾客在购买婴儿尿片时，经常会顺便搭配几瓶啤酒来犒劳自己，于是尝试推出了将啤酒和尿布相结合的促销活动。这一举措导致尿布和啤酒的销量都大幅增长。

2013年，微软纽约研究院的经济学家大卫·罗斯柴尔德利用大数据成功预测24个奥斯卡奖项中的19个，成为人们津津乐道的话题。后来罗斯柴尔德再接再厉，成功预测第86届奥斯卡金像奖颁奖典礼24个奖项中的21个，继续向人们展示现代科技的神奇魔力，而这些魔力都来自大数据。

美国著名的咨询公司麦肯锡将大数据定义为“大小超出常规数据库软件工具收集、存储、管理和分析能力的数据集”。维基百科则表明“大数据是指所涉及的数据量规模巨大到无法人为地在合理时间内达到截取、管理、处理并整理成为人类所能解读的信息”。

简单来说，大数据就是海量资源、巨量资料，这些巨量资料来源于世界各地随时产生的数据，在大数据时代，任何微小的数据都可能产生不可思议的价值。

生活在信息爆炸时代，我们无时无刻不被大数据环绕，大数据的来源非常广泛，如信息管理系统、网络信息系统、物联网系统、科学实验系统等，其数据类型包括结构化数据、半结构化数据和非结构化数据。

12.1.2 大数据的特征

大数据的“5V”特点：Volume（数据量大）、Velocity（处理速度快）、Variety（类型多样）、Value（价值密度）、Veracity（真实性）。

（1）数据量大（Volume）。

大数据第一个特征就是“大”。最开始，一个MP3只需要256M就能满足听歌需求，之后，储存技术的不断发展，数据存储慢慢地从MB级别到了GB、TB级别。然而，在大数据时代，数据储存起始计量至少是1个PB（1024TB），甚至达到EB（1024PB）、ZB（1024EB）级别。

（2）类型多样（Variety）。

大数据另一个特征就是数据来源非常广泛，我们可以记录储存所有的数据，平台得到的不再是随机样本，而是全体数据。这些数据会以日志数据形式被处理分析。例如，现在的淘宝、今日头条、抖音等就是通过分析用户数据去智能推荐用户喜爱的内容。

（3）处理速度快（Velocity）。

如果处理速度太慢，那么大量的数据就毫无意义。正因为大数据对其处理速度的要求非常严格，所以它可以实时分析大量的数据，可以做到随时产生并处理数据。随着数据量的不断增长，各个平台的处理速度也将面临新的挑战。在未来，谁的处理速度更快，谁就会更占优势。

（4）价值密度（Value）。

因为在收集数据方面是来者不拒的，不仅收集有效价值的数据，还要收集无意义的数据，这是大数据的另一个特征。各个平台可以对这些数据进行分析，从而能够快速取得有效信息，提高管理效率。

（5）真实性（Veracity）。

大数据最后一个特征是真实性。通过互联网上用户的实际操作轨迹，获取真实的数据，这样就可以反映和预测现实。但是研究发现，网络上存在着很多的虚假数据。如刷单、刷粉的行为都是真实的操作轨迹，但并不反映真实情况。所以近年来很多研究人员删除了这个大数据特征。

12.1.3 大数据安全威胁

高先生常使用某旅游App预订酒店，几天前，他突然发现，使用不同手机搜索到的酒店价格却是不同的。他告诉记者："我的妻子不是该App的常客，前几天试着用她的手机搜索了同一家酒店，却发现她手机上的价格要比我低很多。这分明就是平台知道我的使用习惯，所以故意利用'大数据杀熟'嘛！"

同一个平台、同一个时间段，同一个商品，订单的价格相差很大，更莫名其妙的是多付费者都是平台的老客户。据悉，用户在同一个电商平台分别使用高级会员和普通会员购买同样的产品，结果却是高级会员不仅没有享受到更大的优惠，反而支付价格比普通账号支付的价格更高。北京市消协的一项调查显示，许多受访者表示他们也曾被大数据"杀熟"，网购平台、在线旅游、网约车类移动应用程序或网站是"重灾区"。近年来，类似的大数据"杀熟"现象给消费者带来了很大的困扰。

谁能忘记2018年3月令人震撼的Facebook数据泄露丑闻？当时，据报道，数据分析公司Cambridge Analytica通过一个应用程序收集了5000万Facebook用户的个人信息，该应用程序详细描述了用户的个性、社交网络以及在平台上的参与度。尽管该公司声称它只拥有3000万用户的信息，但经过Facebook的确认，事实并非如此。今

年4月，该公司通知了在其平台上的8700万名用户，他们的数据已经遭到泄露。

不幸的是，随着对Facebook应用程序更深入的审查，看起来Cambridge Analytica丑闻可能只是冰山一角。6月27日，安全研究员Inti De Ceukelaire透露了另一个名为Nametests的应用程序，它已经暴露了超过1.2亿用户的信息。

大数据时代已经到来，大数据技术及应用蓬勃发展，大数据数量和价值快速提升。除了数据资源所蕴含的丰富价值外，元数据资源还可以通过挖掘和分析创造出更大的经济和社会价值。随着“互联网+”行动计划进一步推进实施，大数据将加速从互联网向更广泛的领域渗透，与此同时，大数据安全威胁也将辐射到各行各业。2015年开年发生的12306网站用户信息泄露等多起数据泄露事件，再次给我们敲响警钟，数据资源安全正面临严峻挑战。

12.2 物联网

12.2.1 万物互联：物联网

面对突如其来的疫情，各行各业都在用自己的专业为抗击疫情而努力。长期致力于人工智能应用开发的中科逸视推出了“人脸识别+体温检测”一体解决方案：人脸识别测温仪，部署在社区、公园、车站、医院等重点区域出入口，对过往人员的体温进行监测和智能分析，实现“非接触”“精确测温”“高温预警”“人脸识别”等功能，为疫情防控提供行之有效的解决方案。

这样的物联网技术应用实例比比皆是。那么物联网是什么呢？

物联网是一个基于互联网、传统电信网等的信息承载体，它让所有能够被独立寻址的普通物理对象形成互联互通的网络。它是新一代信息技术的重要组成部分，IT行业又称为泛互联，意指物物相连，万物万联。由此，“物联网就是物物相连的互联网”。

简单来说，物联网其实是互联网的一个延伸，它的本质也是互联网，只不过终端不再是计算机，而是嵌入式计算机系统及其配套的传感器。例如，现在有很多人喜欢用小米手环，即使在人们休息时它也会记录并上传一些数据，这就是物联网的简单应用。也就是说，只要有硬件或产品连上网，发生数据交互，就叫物联网。

12.2.2 物联网的技术架构

物联网的价值在于让物体拥有“智慧”，从而实现人与物、物与物之间的交流，物联网的特点是感知、互联和智能的叠加。物联网系统分为三层。

一是感知层，即利用RFID、传感器、二维码等随时随地获取物体的信息；

二是网络层，通过各种电信网络与互联网的融合，将物体的信息实时准确地传递出去；

三是应用层，对感知层获取的信息进行处理，实现智能识别、定位、跟踪、监控和管理等实际应用。

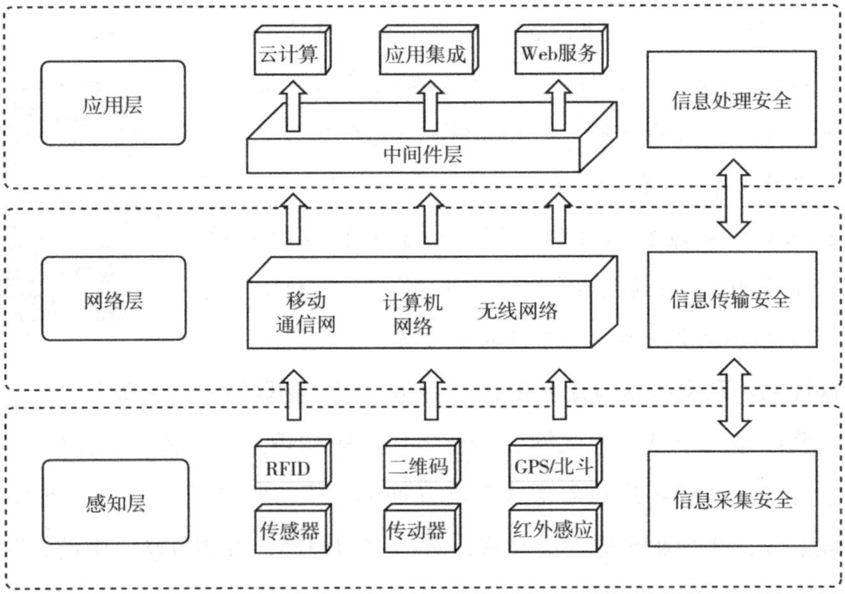

从体系架构的角度来看，物联网支持的应用可以分为三类。

具有物理世界认知能力的应用：根据物理世界的相关信息，如用户偏好、周边环境等，提升用户的业务体验。

在网络融合基础上的泛在化应用：按网络的业务提供方式进行划分，强调泛在网络区别于现有网络的业务提供方式。

基于应用目标的综合信息服务应用：基于应用目标的信息收集与分析，辅助网络用户的行为决策。

12.2.3 物联网安全

2019年，国内影响最大物联网安全事件非酒店偷拍莫属。近两年，酒店偷拍事件层出不穷，从民宿、自如、Airbnb到威斯汀酒店和皇冠假日等酒店都不能幸免，甚至某市公安局长都曾中招。

面对日益高涨的个人隐私保护需求，各安全厂商和创业公司纷纷行动起来。除了爆火的Ping之外，百度安全App和360手机卫士都推出了“偷拍检测”功能，但是App端检测的一个弊端是智能检测同局域网（WiFi）段的偷拍摄像头，对于独立联网和离线摄像头无能为力，并不能做到百分之百的靠谱，充其量只能算是辅助措施，消费者要对此有足够清醒的认识。

与其他物联网和智能设备一样，儿童智能手表也存在固有的安全缺陷，比如说暴露儿童的位置数据和个人信息，为各种潜在的隐患埋下伏笔。

2019年因安全问题被曝光的智能手表产品中包括中国的M2智能手表，它存在的缺陷是可能会泄露用户的个人和GPS数据，并允许攻击者监听和操纵对话。此外，安全研究人员还发现Smartwatch TicTocTrack存在大量安全问题，这些问题使黑客能够跟踪和呼叫儿童。

更糟糕的是，与其他智能硬件产品一样，智能手表的安全漏洞很可能成为全行业的系统性风险。

最近几年，发展物联网成为国内各大运营商的重要战略之一，但是，由于物联网应用规模不断扩大，应用数量不断增加，尤其随着国家重要基础行业如电力、能源、医疗等逐步进入物联网时代，使物联网面临很多新的安全风险。如何有效地为物联网业务提供安全防护措施，已经成为运营商在快速发展物联网业务过程中必须考虑的问题。

（1）安全问题。

感知层安全：物理破坏、环境威胁、身份欺骗、信息泄露、恶意代码传播、劫持控制（僵尸网络）、信息篡改等。

传输层安全：信息泄露、拒绝服务、信息篡改、物理破坏、权限攻击等。

应用层安全：解决不同场景物联网应用的安全威胁。

（2）安全措施。

感知层安全：解决类似于温度传感、湿度传感、视频监控、红外监控、GPS模块、陀螺仪、气体传感、声呐系统、工业生产单元等感知层安全问题。

传输层安全：解决诸如GPRS、5G、蓝牙、红外、NFC、RFID、卫星通信（北斗、海事卫星、气象卫星等）、WLAN等传输通信层的安全问题。

应用层安全：解决相应的应用软硬件及管理安全问题等。

以上是每一层的安全解决方案，但是，由于物联网是一个应用整体，每一层安全措施的总和不足以提供可靠的安全保障。与传统的网络安全威胁相比，在物联网互联环境下，海量的物联网终端生成并使用海量数据，通信管道为这些数据提供高并发的安全通信保障。云和物联网平台支持丰富的物联网应用，这些支持的系统和应用可能成为潜在恶意攻击的目标。

12.3 云计算

12.3.1 基本概念

“云”是网络、互联网的一种比喻说法，是一个计算资源池，通常是一个由数十万甚至数百万台服务器组成的整个虚拟环境。

云计算是一种计算方法，即将按需提供的服务聚合成高效的资源池（包括网络、服务器、存储、应用软件和服务），以服务的形式交付给用户。云计算通过互联网提供动态的、可扩展的并且经常是虚拟化的资源。这个资源池就像一台自动售货机，可以输入特定的需求，就能获得需要的商品或服务，而无须通过其渠道进行协调，这将大大提高工作效率。云计算是传统计算机和网络技术融合的产物。

形象点来说，“云计算”就是当需要时扭开水龙头，水就来了，我只需要操心交水费就是了；当你需要使用一个软件时，你不用跑去电脑城，打开应用商店，它就能下载，你只需要交钱就是了；当你想看报纸时，你不用跑去报刊亭，只要打开头条新闻，新闻则唾手可得。

12.3.2 主要特征

（1）大规模、分布式。

“云”一般都有相当的规模，一些知名的云提供商，如谷歌、亚马逊、IBM、微软、阿里等，也有上百万的服务器规模。建立在这些分布式服务器上的“云”可以为用户提供前所未有的计算能力。

（2）虚拟化。

云计算将采用虚拟化技术。用户不需要关注具体的硬件实体，他们只需要选择一个云服务提供商，注册一个账号，登录他们的云控制台，购买并配置你需要的服务（如云服务器，云存储，CDN等），然后为你的应用做一些简单的配置，那么你就可以让你的应用服务于外界，这比传统的在企业数据中心部署一套应用要简单方便得多。

（3）高可用性和扩展性。

知名云计算提供商普遍采用多副本数据容错、计算节点同构互换等措施，确保服务的高可靠性。基于云服务的应用可以持续向外界提供服务（7×24小时）。此外，“云”的规模可以动态扩展，以满足应用程序和用户增长的需求。

（4）按需服务，更加经济。

用户可以根据自己的需求购买服务，甚至可以根据使用量精准收费。这样可以大大节省IT成本，资源的整体利用率也会显著提高。

（5）安全。

网络安全已经成为所有企业或个体创业者必须面对的问题。企业IT团队或个人很难应对来自网络的恶意攻击，借助更专业的安全团队，如使用云服务可以有效降低安全风险。

12.3.3 服务类型

通过部署模式将资源整合到“云”中，然后向外界提供服务。这有很多的用户，并且每个用户的需求都不同，所以应该怎样满足用户的多样化需求呢？这就涉及服务类型，不同的用户需要不同的服务。根据提供服务类型的不同可分成基础设施即服务（IaaS）、平台即服务（PaaS）和软件即服务（SaaS），这是最常见的三种服务。如果更细分的话还有数据即服务（DaaS）、SDN即服务（SDNaaS）、容器即服务（CaaS）、功能即服务（FaaS）、身份即服务（IDaaS）等。

（1）基础设施即服务（IaaS）。

IaaS包含云IT的基本构建块。它通常提供对网络功能、计算机（虚拟或专用硬件）和数据存储空间的访问。IaaS提供了最高级别的灵活性，可以管理和控制IT资源。它类似于许多IT部门和开发人员熟悉的现有IT资源。

（2）平台即服务（PaaS）。

PaaS不需要管理底层基础设施，可以更多地集中精力部署和管理应用程序。这有助于提高效率，因为不必担心资源获取、容量规划、软件维护、补丁安装或任何与运行应用程序相关的无差别的繁重工作。

（3）软件即服务（SaaS）。

SaaS提供了一种完善的产品，其运行和管理皆由服务提供商负责。在大多数情况下，人们所说的SaaS指的是最终用户应用程序（如基于Web的电子邮件）。使用SaaS产品，就无须考虑如何维护服务或管理基础设施，只需要考虑如何使用该特定软件。

12.3.4 云计算安全关键技术

云计算安全关键技术主要包括可信访问控制技术、密文检索与处理、数据存在与可使用性证明、数据安全与隐私保护以及虚拟化安全技术。

（1）可信访问控制技术：在云计算模式下，如何通过非传统的可信访问控制手段实现对数据对象的访问控制，就是可信访问控制技术。

（2）密文检索与处理：当数据变成密文时，它失去了很多其他的特征，这就导致了大多数数据分析方法的失败。密文检索与处理可以将其作为可用数据进行查找和处理。

（3）数据存在与可使用性证明：由于大规模数据带来的巨大通信成本，用户下载后无法验证数据的正确性。因此，云用户在检索很少的数据时，需要通过一些知识证明协议或概率分析方法来判断远程数据是否完整。

（4）数据安全与隐私保护：数据生命周期的每一个阶段在云中数据隐私保护中都有涉及。

（5）虚拟化安全技术：使用虚拟技术的云架构提供者必须向其客户提供安全性和隔离保证。

12.3.5 云计算所面临的安全问题

Netflix难忘的圣诞节：在2012年的平安夜，每个人都在等待庆祝。然而，AWS的弹性负载平衡服务出了问题，导致Netflix停机。因此，许多客户不满意，他们原本希望通过流媒体服务度过一个美好的圣诞节。看来这次事件还不足以恶化两家公司的关系。两年后，Netflix在AWS升级过程中重启了

218个产品节点，然后有22个重启失败——这是AWS和Netflix之间的另一个例子。

关于“Office 360”的笑话：微软Office 365一直存在着一段黑历史。2016年6月30日，Office 365的客户发现他们的邮件服务竟然一直脱机超过了12个小时。然而，2015~2016年，持续出现了很多类似的例子。于是就有了这样的玩笑，Office 365平均每年停机五天，应该改名为“Office 360”。

有足够的例子表明，错误的云计算机制会造成广泛的破坏。虽然有些只是暂时的——如电子邮件服务停止，但有些是永久性的，并具有高度的影响力。当影响很大时，专家应该分析这些问题，并找到使云计算更可靠的方法。只有这样，企业才能对自己的云有足够的信任。

那么，云计算到底存在着哪些安全问题呢？

（1）虚拟化安全问题。

虚拟化带来的可扩展性有利于在基础设施、平台和软件层面加强提供多租户云服务的能力。但是，虚拟化技术也会带来以下安全问题：

1）如果主机损坏，主机管理的客户端服务器就可能会被攻克。

2）如果虚拟网络损坏，则客户端也会受到损害。

3）有必要确保客户端共享和主机共享的安全，因为这些共享可能被犯罪分子利用。

4）如果主机有问题，那么所有虚拟机都会有问题。

（2）数据集中后的安全问题。

用户的数据存储、处理和网络传输都与云计算系统有关。如果密钥或私人信息丢失或被盗，对用户来说无疑是致命的。如何确保云服务提供商的内部安全管理和访问控制机制满足客户的安全需求；如何实施有效的安全审计和监控数据运行；如何规避云计算环境下多用户共存带来的潜在风险，成为云计算环境面临的安全挑战。

（3）云平台可用性问题。

用户的数据和业务应用都在云计算系统中，其业务流程将依赖于云计算服务商提供的服务，这就对服务商云平台的服务连续性、SLA和IT流程、安全策略、事件处理和分析提出了挑战。此外，当系统发生故障时，如何保证用户数据的迅速恢复成为一个重要的问题。

（4）云平台遭受攻击的问题。

由于用户和信息资源的高度集中，云计算平台很容易成为黑客攻击的目标，拒绝服务攻击造成的后果和破坏性将明显超过传统的企业网络应用环境。

（5）法律风险。

云计算应用的地域性弱，信息流动性很大。信息服务或者用户数据很可能分布在不同的地区甚至不同的国家。政府信息安全监管可能存在法律分歧和争议。与此同时，由于虚拟化等技术导致用户之间物理边界模糊，司法取证问题也不容忽视。

12.4 人工智能

12.4.1 什么是人工智能

著名的图灵测试于1950年诞生，“人工智能之父”艾伦·图灵认为，如果一台机器能够通过电传设备与人类展开对话，并且不能被辨别出其机器身份，那么称这台机器具有智能。

人工智能（Artificial Intelligence，AI）是研究、开发用于模拟、延伸和扩展人的智能的理论、方法、技术和应用系统的一门新的技术科学。

我们可以将人工智能定义为一种机器或软件，它可以正确地解读来自环境的数据，从中学习，并且利用获得的知识在不断变化的环境中执行特定的任务。例如，一辆能自动停车的车并不是智能车：它只是根据常规测量的距离运动。我们认为，自动驾驶的汽车是智能的，因为它可以依据周围发生的一些事件来做出决定。

12.4.2 人工智能的应用

人工智能应用的范围很广，包括计算机科学、金融贸易、医药、诊断、重工业、运输、远程通讯、在线和电话服务、法律、科学发现、玩具和游戏、音乐等诸多方面。下面是一些典型的人工智能的应用。

（1）导航。

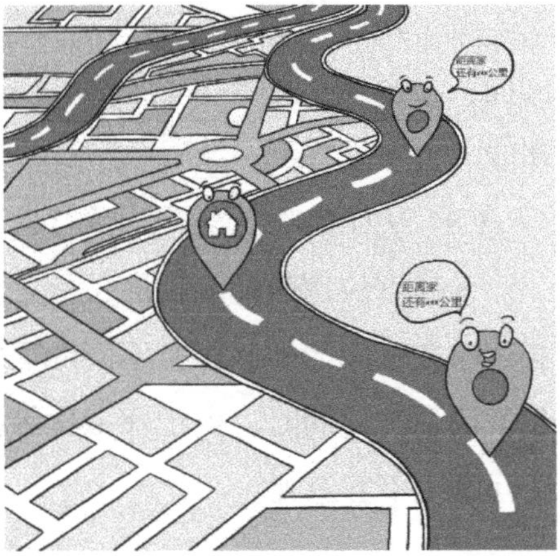

导航几乎是驾车出行的必备应用之一。基于大数据和机器学习，是典型的地图人工智能。当打开车辆导航时，地图采集装置自动识别物体定位你的位置和道路特征，提取建筑轮廓并绘制形状，图形根据路标、电子眼、警示牌等自动挖出逾期未改或新的信息点和路径，并根据实时道路交通规划计算出最佳出行路径等。整个导航过程不需要人类参与，是机器基于算法和数据智能输出结果，这是离我们最近的人工智能应用之一。

（2）人脸识别。

人脸识别又称人像识别和面部识别，是一种基于人体面部特征信息的生物识别技术。人脸识别涉及的技术主要包括计算机视觉和图像处理等。20世纪60年代人们开始研究人脸识别系统，之后，计算机技术和光学成像技术不断发展，80年代人脸识别技术水平也不断提高，90年代末，人脸识别技术已经进入初级应用阶段。如今，人脸识别技术已经广泛应用于很多领域当中。

警方利用人脸识别技术在张学友的演唱会上多次抓到了在逃人员，因此，他被封为“逃犯克星”。2018年4月7日，张学友南昌演唱会开始后，看台上的一名粉丝便被警方带离现场。实际上，他是一名逃犯，安保人员通过人像识别系统锁定了在看台上的他；2018

年5月20日，张学友嘉兴演唱会上，犯罪嫌疑人于某在通过安检门时被人脸识别系统识别出是逃犯，随后也被警方抓获。

随着人脸识别技术的进一步成熟和社会认同度的提高，人脸识别将被应用到更多的领域，给人们的生活带来更多的变化。

（3）AlphaGo。

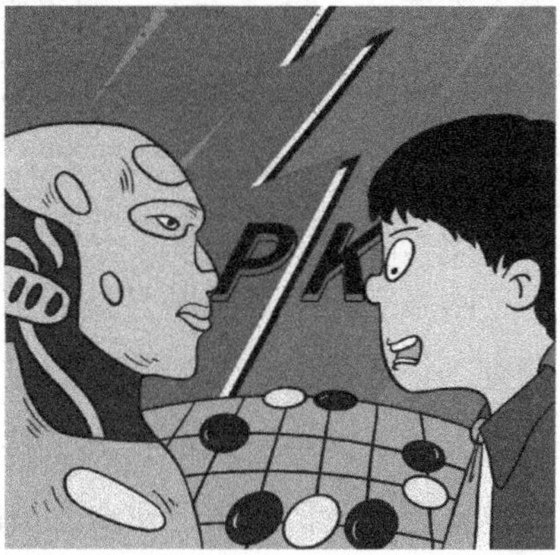

AlphaGo是一款围棋人工智能软件，是谷歌旗下的人工智能研究部门DeepMind开发制造出来的。谷歌AlphaGo在3：0完胜李世石后，又在2017年7月迎战柯洁。人们高度期待21世纪的人机战争。结果，柯洁连续三场失利，泪洒现场。AlphaGo也在这次大战后声名鹊起，这为人工智能做了最好的宣传。从那时起，人工智能就成为众所周知的热门话题。

最近，阿尔法狗再进化的消息在互联网上爆发。这个消息让无数人感叹：用不了多久，围棋将成为完全由人工智能控制的领域。据了解，新一代的阿尔法狗已经完全抛弃了人类的国际象棋谱，开始通过计算机进行深度学习。它会利用人类给出的初始数据进行训练，然后反复与自己对战。它会根据游戏本身的结果来校准和调整参数，从而让下一场对战更加精彩和完美。换句话讲，新版阿尔法狗AlphaGo Zero的棋力已经随着它自学训练时间的增长而不断增长。在训练了3天之后，新版阿尔法狗就以100：0的成绩完胜AlphaGo Lee（当初击败韩国顶尖围棋的棋手李世石的阿尔法狗）。而在训练了40天以后，自我对弈了约2900万次的新版阿尔法狗AlphaGo Zero，再次以89：11的结果轻松击败了在不久之前战胜世界围棋第一人柯洁的AlphaGo Master。

12.4.3 人工智能时代的网络空间安全发展态势

（1）网络空间安全威胁趋向智能。

随着网络信息技术全面普及以及数据价值的持续增长，采用人工智能的网络威胁手段被广泛应用于网络犯罪，网络攻击方式的智能化升级，网络空间安全的防御、检测和响应面临更大的挑战。

（2）网络空间安全边界开放扩张。

在智能互联时代，网络空间安全的边界不断扩大。一方面，基于网络系统、设备等物理边界的传统网络安全防御边界越来越泛化，网络安全攻击范围全面开放；另一方面，网络空间治理全面渗透政治、经济、社会等领域，网络空间安全影响领域全面泛化。边界的开放扩展要求各种智能技术积极应用于整个业务流程的安全防御。

（3）网络空间安全人力面临不足。

网络空间安全威胁日益严重，相应的安全人员严重短缺。根据迈克菲的调查，企业普遍认为要能有效应对所面临的网络威胁的话，需要增加24%的安全人员。网络空间的扩大、移动设备和多云端服务的增加使安全人员的工作越来越复杂，然而，安全人员的短缺更加剧了安全风险问题。

（4）网络空间安全防御趋向主动。

面对层出不穷的恶意代码、拒绝服务攻击等安全威胁，现有的被动防御安全策略似乎不足。在智能时代，网络安全由被动防御向主动防御转变，人工智能驱动的自动防御能更好地识别威胁，缩短其响应时间。

随着人工智能在行业和人民生活中的深度融合应用，在国家安全、社会伦理、网络安全、人身安全和隐私保护等方面带来风险和挑战，有效加强人工智能的安全标准化是保证人工智能安全的必由之路。

12.5 区块链

12.5.1 基本概念

首先用一个简单实例来了解一下区块链的概念。

张三找李四借100元，但李四怕时间长了张三赖账，于是就找来村长做公证，并记下这笔账。这个就叫中心化。但如果李四不找村长，直接通过村里大喇叭对村里所有人大喊“我李四借给张三100元！请大家记得这件事”，这个就叫去中心化。以前村长德高望重，掌握全村的账本，大家都把钱存在他这里，这是过去大家对中心化的信任。现在，大家都担心村长会偷偷挪用大家的钱，怎么办呢？于是就给每个人都发了一本账本，任何人之间转账都通过大喇叭发布消息，收到消息后，每个人都在自家的账本上记下这笔交易，这就叫去中心化。有了分布式账本，即使张三或李四家的账本丢了也没关系，因为赵四、王二等其他家都有账本，每天每个人都会在认可的账簿上增加新的交易，其他人会参与验证当天的交易，最终认可的账簿只会增加，不会减少。后续的成员将继续从最长的账簿那里继续记录下去。

从前面的例子中，我们可以理解区块链是一种去中心化的分布式账本数据库。这种分布式账本的优点是买卖双方可以直接交易，不需要任何中介。每个人都有一本，即使你的丢失了，也不会受到任何影响。

12.5.2 区块链的意义和特征

区块链技术被认为是自互联网发明以来最具颠覆性的技术创新。它依赖于密码学和数学上聪明的分布式算法。在无法建立信任的互联网上，参与者可以在没有任何第三方中心介入的情况下达成共识，以极低的成本解决信任和价值的可靠传递问题。

从区块链的形成过程看，区块链技术具有以下特征：

（1）去中心化。区块链技术不依赖于额外的第三方管理机构或硬件设施，也没有中央控制。除区块链自身自成一体外，各节点通过分布式核算和存储，各节点实现了信息的自我验证、传输和管理。去中心化是区块链最突出和最本质的特征。

（2）开放性。区块链技术基础是开源的。除了交易各方的私人信息被加密外，区块链的数据是对所有人开放的。任何人都可以通过开放的接口查询区块链数据和开发相关的应用程序，所以整个系统信息是高度透明的。

（3）独立性。基于商定的规范和协议，整个区块链系统不依赖于其他第三方，所有节点都可以在系统中自动安全地验证和交换数据，无需人工干预。

（4）安全性。只要不能控制全部数据节点的51%，就不能随意操纵和修改网络数据，这使区块链本身相对安全，避免了主观和人为的数据更改。

（5）匿名性。除非有法律规范要求，只从技术上讲，每个区块节点的身份信息不需要公开或验证，可以匿名进行信息传输。

12.5.3 区块链的应用场景

（1）数字货币。

数字货币在经历实物、贵金属、纸币等形态之后，成为数字经济时代的发展方向。与实物货币相比，数字货币具有便于携带和存储、流通成本低、使用方便、易于防伪和管理、打破地域限制、融合性更好等特点。比特币技术实现了一个电子现金系统，双方可以直接向对方转账，无需第三方中转或仲裁。2019年6月，互联网巨头Facebook还发布了一份关于其加密货币（Libra）的白皮书。无论是比特币还是Libra，它所依赖的底层技术都是区块链技术。

（2）金融资产交易结算。

区块链技术天然具有金融属性，它正在给金融行业带来革命性的变化。在支付结算方面，区块链分布式账本系统下，多个市场参与者共同维护并实时同步一个“总账”，可以在几分钟内完成两三天内无法完成的支付、清算、结算任务，从而降低了跨行跨境交易的复杂性和成本。与此同时，区块链的底层加密技术确保了参与者无法篡改账簿，确保了交易记录的透明和安全。监管机构可以很容易地跟踪交易链上的交易，并迅速定位高风险资金的流动去向。

（3）数字政务。

区块链可以让数据运行，让事情变得更有效率。借助区块链的分布式技术，政府部门可以集中在一个链条上，所有程序都可以交付给一个智能合约。只要文员在一个部门通过身份认证和电子签名，智能合约就可以自动处理并流转，所有后续的审批和签章都可以依次完成。扶贫是区块链技术的另一个应用。凭借区块链技术的公开、透明、可追溯和不可篡改的特点，扶贫资金可以透明使用、准确交付和有效管理。

（4）存证防伪。

区块链可以通过哈希时间戳证明某个文件或数字内容在特定时间的存在，其开放性、不变性和可追溯性等特点为司法认证、身份认证、产权保护和防伪溯源提供了完美的解决方案。在知识产权领域，区块链技术的数字签名和链上证书存储可以确权文字、图片、音频和视频等，并通过智能合约创建和执行交易，让创作者重新获得定价权，实时保存数据，形成证据链，同时涵盖确权、交易和维权三大场景。在防伪溯源领域，通过供应链追踪区块链技术可以被广泛应用于食品医药、农产品、酒类、奢侈品等领域。

（5）数据服务。

首先，区块链技术将极大地优化现有的大数据应用，在数据流动和共享方面发挥巨大作用。未来，互联网、人工智能、物联网都将产生海量数据，现有的中心化数据存储（计算模式）将面临巨大挑战。基于区块链技术的边缘存储（计算）有望成为未来的解决方案。其次，区块链无法篡改数据和可追溯机制保证了数据的真实性和高质量，成为大数据、深度学习、人工智能等所有数据应用的基础。最后，区块链可以在保护数据隐私的前提下实现多方协同的数据计算，有望解决“数据垄断”和“数据孤岛”问题，实现数据流通的价值。

12.5.4 区块链的安全性

区块链本质上是一个去中心化的分布式账本。去中心化就是点对点的，没有中间人参与的，并且模型是基于安全和信任的；分布式意味着每一个动作和交易都被公开记录；账本就是一个具有唯一时间戳的正向链记录。如果要修改和更新这些区块，它们必须得到参与者的批准，因此理论上几乎不可能被窃取、篡改和删除。

目前，日常生活中常用的公钥加密技术主要是由第三方认证机构来实现用户证书的颁发、激活和存储，这种方式容易受到破解加密信息、冒用用户信息发放假密钥的黑客攻击。然而，区块链主要依靠非对称加密技术，该技术对用户的身份信息进行高度加密，并发放密钥来识别对方的真实身份。一旦信息被核实并添加到区块链，它将会被永久存储。除非系统中超过51%的节点可以同时控制，否则单个节点上的数据库修改是无效的，想要向大量区块链节点分发证据使数据篡改变而不被发现几乎不太可能，从而消除假密钥的传播，防止信息被篡改。同时，由于用户拥有该密钥，并且只向Internet发布自己的公钥，因此接收方可以用该公钥解密数据，但不能篡改或进一步解密数据。通过设置透明度，用户可以有选择地公开某些内容，提高用户身份的安全性和保密性。因此，区块链在信息安全领域的应用潜力是巨大的。

附录

中华人民共和国国家安全法

第一章　总则

第一条　为了维护国家安全，保卫人民民主专政的政权和中国特色社会主义制度，保护人民的根本利益，保障改革开放和社会主义现代化建设的顺利进行，实现中华民族伟大复兴，根据宪法，制定本法。

第二条　国家安全是指国家政权、主权、统一和领土完整、人民福祉、经济社会可持续发展和国家其他重大利益相对处于没有危险和不受内外威胁的状态，以及保障持续安全状态的能力。

第三条 国家安全工作应当坚持总体国家安全观，以人民安全为宗旨，以政治安全为根本，以经济安全为基础，以军事、文化、社会安全为保障，以促进国际安全为依托，维护各领域国家安全，构建国家安全体系，走中国特色国家安全道路。

第四条 坚持中国共产党对国家安全工作的领导，建立集中统一、高效权威的国家安全领导体制。

第五条 中央国家安全领导机构负责国家安全工作的决策和议事协调，研究制定、指导实施国家安全战略和有关重大方针政策，统筹协调国家安全重大事项和重要工作，推动国家安全法治建设。

第六条 国家制定并不断完善国家安全战略，全面评估国际、国内安全形势，明确国家安全战略的指导方针、中长期目标、重点领域的国家安全政策、工作任务和措施。

第七条 维护国家安全，应当遵守宪法和法律，坚持社会主义法治原则，尊重和保障人权，依法保护公民的权利和自由。

第八条 维护国家安全，应当与经济社会发展相协调。

国家安全工作应当统筹内部安全和外部安全、国土安全和国民安全、传统安全和非传统安全、自身安全和共同安全。

第九条 维护国家安全，应当坚持预防为主、标本兼治，专门工作与群众路线相结合，充分发挥专门机关和其他有关机关维护国家安全的职能作用，广泛动员公民和组织，防范、制止和依法惩治危害国家安全的行为。

第十条 维护国家安全，应当坚持互信、互利、平等、协作，积极同外国政府和国际组织开展安全交流合作，履行国际安全义务，促进共同安全，维护世界和平。

第十一条 中华人民共和国公民、一切国家机关和武装力量、各政党和各人民团体、企业事业组织和其他社会组织，都有维护国家安全的责任和义务。

中国的主权和领土完整不容侵犯和分割。维护国家主权、统一和领土完整是包括港澳同胞和台湾同胞在内的全中国人民的共同义务。

第十二条 国家对在维护国家安全工作中作出突出贡献的个人和组织给予表彰和奖励。

第十三条 国家机关工作人员在国家安全工作和涉及国家安全活动中，滥用职权、玩忽职守、徇私舞弊的，依法追究法律责任。

任何个人和组织违反本法和有关法律，不履行维护国家安全义务或者从事危害国家安全活动的，依法追究法律责任。

第十四条 每年4月15日为全民国家安全教育日。

第二章 维护国家安全的任务

第十五条 国家坚持中国共产党的领导，维护中国特色社会主义制度，发展社会主义民主政治，健全社会主义法治，强化权力运行制约和监督机制，保障人民当家作主的各项权利。

国家防范、制止和依法惩治任何叛国、分裂国家、煽动叛乱、颠覆或者煽动颠覆人民民主专政政权的行为；防范、制止和依法惩治窃取、泄露国家秘密等危害国家安全的行为；防范、制止和依法惩治境外势力的渗透、破坏、颠覆、分裂活动。

第十六条 国家维护和发展最广大人民的根本利益，保卫人民安全，创造良好生存发展条件和安定工作生活环境，保障公民的生命财产安全和其他合法权益。

第十七条 国家加强边防、海防和空防建设，采取一切必要的防卫和管控措施，保卫领陆、内水、领海和领空安全，维护国家领土主权和海洋权益。

第十八条 国家加强武装力量革命化、现代化、正规化建设，建设与保卫国家安全和发展利益需要相适应的武装力量；实施积极防御军事战略方针，防备和抵御侵略，制止武装颠覆和分裂；开展国际军事安全合作，实施联合国维和、国际救援、海上护航和维护国家海外利益的军事行动，维护国家主权、安全、领土完整、发展利益和世界和平。

第十九条 国家维护国家基本经济制度和社会主义市场经济秩序，健全预防和化解经济安全风险的制度机制，保障关系国民经济命脉的重要行业和关键领域、重点产业、重大基础设施和重大建设项目以及其他重大经济利益安全。

第二十条 国家健全金融宏观审慎管理和金融风险防范、处置机制，加强金融基础设施和基础能力建设，防范和化解系统性、区域性金融风险，防范和抵御外部金融风险的冲击。

第二十一条 国家合理利用和保护资源能源，有效管控战略资源能源的开发，加强战略资源能源储备，完善资源能源运输战略通道建设和安全保护措施，加强国际资源能源合作，全面提升应急保障能力，保障经济社会发展所需的资源能源持续、可靠和有效供给。

第二十二条 国家健全粮食安全保障体系，保护和提高粮食综合生产能力，完善粮食储备制度、流通体系和市场调控机制，健全粮食安全预警制度，保障粮食供给和质量安全。

第二十三条 国家坚持社会主义先进文化前进方向，继承和弘扬中华民族优秀传统文化，培育和践行社会主义核心价值观，防范和抵制不良文化的影响，掌握意识形态领域主导权，增强文化整体实力和竞争力。

第二十四条 国家加强自主创新能力建设，加快发展自主可控的战略高新技术和重要领域核心关键技术，加强知识产权的运用、保护和科技保密能力建设，保障重大技术和工程的安全。

第二十五条 国家建设网络与信息安全保障体系，提升网络与信息安全保护能力，加强网络和信息技术的创新研究和开发应用，实现网络和信息核心技术、关键基础设施和重要领域信息系统及数据的安全可控；加强网络管理，防范、制止和依法惩治网络攻击、网络入侵、网络窃密、散布违法有害信息等网络违法犯罪行为，维护国家网络空间主权、安全和发展利益。

第二十六条 国家坚持和完善民族区域自治制度，巩固和发展平等团结互助和谐的社会主义民族关系。坚持各民族一律平等，加强民族交往、交流、交融，防范、制止和依法惩治民族分裂活动，维护国家统一、民族团结和社会和谐，实现各民族共同团结奋斗、共同繁荣发展。

第二十七条 国家依法保护公民宗教信仰自由和正常宗教活动，坚持宗教独立自主自办的原则，防范、制止和依法惩治利用宗教名义进行危害国家安全的违法犯罪活动，反对境外势力干涉境内宗教事务，维护正常宗教活动秩序。

国家依法取缔邪教组织，防范、制止和依法惩治邪教违法犯罪活动。

第二十八条 国家反对一切形式的恐怖主义和极端主义，加强防范和处置恐怖主义的能力建设，依法开展情报、调查、防范、处置以及资金监管等工作，依法取缔恐怖活动组织和严厉惩治暴力恐怖活动。

第二十九条 国家健全有效预防和化解社会矛盾的体制机制，健全公共安全体系，积极预防、减少和化解社会矛盾，妥善处置公共卫生、社会安全等影响国家安全和社会稳定的突发事件，促进社会和谐，维护公共安全和社会安定。

第三十条 国家完善生态环境保护制度体系，加大生态建设和环境保护力度，划定生态保护红线，强化生态风险的预警和防控，妥善处置突发环境事件，保障人民赖以生存发展的大气、水、土壤等自然环境和条件不受威胁和破坏，促进人与自然和谐发展。

第三十一条 国家坚持和平利用核能和核技术，加强国际合作，防止核扩散，完善防扩散机制，加强对核设施、核材料、核活动和核废料处置的安全管理、监管和保护，加强核事故应急体系和应急能力建设，防止、控制和消除核事故对公民生命健康和生态环境的危害，不断增强有效应对和防范核威胁、核攻击的能力。

第三十二条 国家坚持和平探索和利用外层空间、国际海底区域和极地，增强安全进出、科学考察、开发利用的能力，加强国际合作，维护我国在外层空间、国际海底区域和极地的活动、资产和其他利益的安全。

第三十三条 国家依法采取必要措施，保护海外中国公民、组织和机构的安全和正当权益，保护国家的海外利益不受威胁和侵害。

第三十四条 国家根据经济社会发展和国家发展利益的需要，不断完善维护国家安全的任务。

第三章　维护国家安全的职责

第三十五条　全国人民代表大会依照宪法规定，决定战争和和平的问题，行使宪法规定的涉及国家安全的其他职权。

全国人民代表大会常务委员会依照宪法规定，决定战争状态的宣布，决定全国总动员或者局部动员，决定全国或者个别省、自治区、直辖市进入紧急状态，行使宪法规定的和全国人民代表大会授予的涉及国家安全的其他职权。

第三十六条　中华人民共和国主席根据全国人民代表大会的决定和全国人民代表大会常务委员会的决定，宣布进入紧急状态，宣布战争状态，发布动员令，行使宪法规定的涉及国家安全的其他职权。

第三十七条　国务院根据宪法和法律，制定涉及国家安全的行政法规，规定有关行政措施，发布有关决定和命令；实施国家安全法律法规和政策；依照法律规定决定省、自治区、直辖市的范围内部分地区进入紧急状态；行使宪法法律规定的和全国人民代表大会及其常务委员会授予的涉及国家安全的其他职权。

第三十八条　中央军事委员会领导全国武装力量，决定军事战略和武装力量的作战方针，统一指挥维护国家安全的军事行动，制定涉及国家安全的军事法规，发布有关决定和命令。

第三十九条　中央国家机关各部门按照职责分工，贯彻执行国家安全方针政策和法律法规，管理指导本系统、本领域国家安全工作。

第四十条　地方各级人民代表大会和县级以上地方各级人民代表大会常务委员会在本行政区域内，保证国家安全法律法规的遵守和执行。

地方各级人民政府依照法律法规规定管理本行政区域内的国家安全工作。

香港特别行政区、澳门特别行政区应当履行维护国家安全的责任。

第四十一条　人民法院依照法律规定行使审判权，人民检察院依照法律规定行使检察权，惩治危害国家安全的犯罪。

第四十二条 国家安全机关、公安机关依法搜集涉及国家安全的情报信息，在国家安全工作中依法行使侦查、拘留、预审和执行逮捕以及法律规定的其他职权。

有关军事机关在国家安全工作中依法行使相关职权。

第四十三条 国家机关及其工作人员在履行职责时，应当贯彻维护国家安全的原则。

国家机关及其工作人员在国家安全工作和涉及国家安全活动中，应当严格依法履行职责，不得超越职权、滥用职权，不得侵犯个人和组织的合法权益。

第四章 国家安全制度

第一节 一般规定

第四十四条 中央国家安全领导机构实行统分结合、协调高效的国家安全制度与工作机制。

第四十五条 国家建立国家安全重点领域工作协调机制，统筹协调中央有关职能部门推进相关工作。

第四十六条 国家建立国家安全工作督促检查和责任追究机制，确保国家安全战略和重大部署贯彻落实。

第四十七条 各部门、各地区应当采取有效措施，贯彻实施国家安全战略。

第四十八条 国家根据维护国家安全工作需要，建立跨部门会商工作机制，就维护国家安全工作的重大事项进行会商研判，提出意见和建议。

第四十九条 国家建立中央与地方之间、部门之间、军地之间以及地区之间关于国家安全的协同联动机制。

第五十条 国家建立国家安全决策咨询机制，组织专家和有关方面开展对国家安全形势的分析研判，推进国家安全的科学决策。

第二节 情报信息

第五十一条 国家健全统一归口、反应灵敏、准确高效、运转顺畅的情报信息收集、研判和使用制度，建立情报信息工作协调机制，实现情报信息的及时收集、准确研判、有效使用和共享。

第五十二条 国家安全机关、公安机关、有关军事机关根据职责分工，依法搜集涉及国家安全的情报信息。

国家机关各部门在履行职责过程中，对于获取的涉及国家安全的有关信息应当及时上报。

第五十三条 开展情报信息工作，应当充分运用现代科学技术手段，加强对情报信息的鉴别、筛选、综合和研判分析。

第五十四条 情报信息的报送应当及时、准确、客观，不得迟报、漏报、瞒报和谎报。

第三节 风险预防、评估和预警

第五十五条 国家制定完善应对各领域国家安全风险预案。

第五十六条 国家建立国家安全风险评估机制，定期开展各领域国家安全风险调查评估。

有关部门应当定期向中央国家安全领导机构提交国家安全风险评估报告。

第五十七条 国家健全国家安全风险监测预警制度，根据国家安全风险程度，及时发布相应风险预警。

第五十八条 对可能即将发生或者已经发生的危害国家安全的事件，县级以上地方人民政府及其有关主管部门应当立即按照规定向上一级人民政府及其有关主管部门报告，必要时可以越级上报。

第四节 审查监管

第五十九条 国家建立国家安全审查和监管的制度和机制，对影响或者可能影响国家安全的外商投资、特定物项和关键技术、网络信息技术产品和服务、涉及国家安全事项的建设项目，以及其他重大事项和活动，进行国家安全审查，有效预防和化解国家安全风险。

第六十条 中央国家机关各部门依照法律、行政法规行使国家安全审查职责，依法作出国家安全审查决定或者提出安全审查意见并监督执行。

第六十一条 省、自治区、直辖市依法负责本行政区域内有关国家安全审查和监管工作。

第五节 危机管控

第六十二条 国家建立统一领导、协同联动、有序高效的国家安全危机管控制度。

第六十三条 发生危及国家安全的重大事件，中央有关部门和有关地方根据中央国家安全领导机构的统一部署，依法启动应急预案，采取管控处置措施。

第六十四条 发生危及国家安全的特别重大事件，需要进入紧急状态、战争状态或者进行全国总动员、局部动员的，由全国人民代表大会、全国人民代表大会常务委员会或者国务院依照宪法和有关法律规定的权限和程序决定。

第六十五条 国家决定进入紧急状态、战争状态或者实施国防动员后，履行国家安全危机管控职责的有关机关依照法律规定或者全国人民代表大会常务委员会规定，有权采取限制公民和组织权利、增加公民和组织义务的特别措施。

第六十六条 履行国家安全危机管控职责的有关机关依法采取处置国家安全危机的管控措施，应当与国家安全危机可能造成的危害的性质、程度和范围相适应；有多种措施可供选择的，应当选择有利于最大程度保护公民、组织权益的措施。

第六十七条 国家健全国家安全危机的信息报告和发布机制。

国家安全危机事件发生后，履行国家安全危机管控职责的有关机关，应当按照规定准确、及时报告，并依法将有关国家安全危机事件发生、发展、管控处置及善后情况统一向社会发布。

第六十八条 国家安全威胁和危害得到控制或者消除后，应当及时解除管控处置措施，做好善后工作。

第五章　国家安全保障

第六十九条　国家健全国家安全保障体系，增强维护国家安全的能力。

第七十条　国家健全国家安全法律制度体系，推动国家安全法治建设。

第七十一条　国家加大对国家安全各项建设的投入，保障国家安全工作所需经费和装备。

第七十二条　承担国家安全战略物资储备任务的单位，应当按照国家有关规定和标准对国家安全物资进行收储、保管和维护，定期调整更换，保证储备物资的使用效能和安全。

第七十三条　鼓励国家安全领域科技创新，发挥科技在维护国家安全中的作用。

第七十四条　国家采取必要措施，招录、培养和管理国家安全工作专门人才和特殊人才。

根据维护国家安全工作的需要，国家依法保护有关机关专门从事国家安全工作人员的身份和合法权益，加大人身保护和安置保障力度。

第七十五条　国家安全机关、公安机关、有关军事机关开展国家安全专门工作，可以依法采取必要手段和方式，有关部门和地方应当在职责范围内提供支持和配合。

第七十六条　国家加强国家安全新闻宣传和舆论引导，通过多种形式开展国家安全宣传教育活动，将国家安全教育纳入国民教育体系和公务员教育培训体系，增强全民国家安全意识。

第六章　公民、组织的义务和权利

第七十七条　公民和组织应当履行下列维护国家安全的义务：

（一）遵守宪法、法律法规关于国家安全的有关规定；

（二）及时报告危害国家安全活动的线索；

（三）如实提供所知悉的涉及危害国家安全活动的证据；

（四）为国家安全工作提供便利条件或者其他协助；

（五）向国家安全机关、公安机关和有关军事机关提供必要的支持和协助；

（六）保守所知悉的国家秘密；

（七）法律、行政法规规定的其他义务。

任何个人和组织不得有危害国家安全的行为，不得向危害国家安全的个人或者组织提供任何资助或者协助。

第七十八条 机关、人民团体、企业事业组织和其他社会组织应当对本单位的人员进行维护国家安全的教育，动员、组织本单位的人员防范、制止危害国家安全的行为。

第七十九条 企业事业组织根据国家安全工作的要求，应当配合有关部门采取相关安全措施。

第八十条 公民和组织支持、协助国家安全工作的行为受法律保护。

因支持、协助国家安全工作，本人或者其近亲属的人身安全面临危险的，可以向公安机关、国家安全机关请求予以保护。公安机关、国家安全机关应当会同有关部门依法采取保护措施。

第八十一条 公民和组织因支持、协助国家安全工作导致财产损失的，按照国家有关规定给予补偿；造成人身伤害或者死亡的，按照国家有关规定给予抚恤优待。

第八十二条 公民和组织对国家安全工作有向国家机关提出批评建议的权利，对国家机关及其工作人员在国家安全工作中的违法失职行为有提出申诉、控告和检举的权利。

第八十三条 在国家安全工作中，需要采取限制公民权利和自由的特别措施时，应当依法进行，并以维护国家安全的实际需要为限度。[2]

第七章 附则

第八十四条 本法自公布之日起施行。

中华人民共和国网络安全法

第一章　总则

第一条　为了保障网络安全，维护网络空间主权和国家安全、社会公共利益，保护公民、法人和其他组织的合法权益，促进经济社会信息化健康发展，制定本法。

第二条　在中华人民共和国境内建设、运营、维护和使用网络，以及网络安全的监督管理，适用本法。

第三条　国家坚持网络安全与信息化发展并重，遵循积极利用、科学发展、依法管理、确保安全的方针，推进网络基础设施建设和互联互通，鼓励网络技术创新和应用，支持培养网络安全人才，建立健全网络安全保障体系，提高网络安全保护能力。

第四条　国家制定并不断完善网络安全战略，明确保障网络安全的基本要求和主要目标，提出重点领域的网络安全政策、工作任务和措施。

第五条 国家采取措施，监测、防御、处置来源于中华人民共和国境内外的网络安全风险和威胁，保护关键信息基础设施免受攻击、侵入、干扰和破坏，依法惩治网络违法犯罪活动，维护网络空间安全和秩序。

第六条 国家倡导诚实守信、健康文明的网络行为，推动传播社会主义核心价值观，采取措施提高全社会的网络安全意识和水平，形成全社会共同参与促进网络安全的良好环境。

第七条 国家积极开展网络空间治理、网络技术研发和标准制定、打击网络违法犯罪等方面的国际交流与合作，推动构建和平、安全、开放、合作的网络空间，建立多边、民主、透明的网络治理体系。

第八条 国家网信部门负责统筹协调网络安全工作和相关监督管理工作。国务院电信主管部门、公安部门和其他有关机关依照本法和有关法律、行政法规的规定，在各自职责范围内负责网络安全保护和监督管理工作。

县级以上地方人民政府有关部门的网络安全保护和监督管理职责，按照国家有关规定确定。

第九条 网络运营者开展经营和服务活动，必须遵守法律、行政法规，尊重社会公德，遵守商业道德，诚实信用，履行网络安全保护义务，接受政府和社会的监督，承担社会责任。

第十条 建设、运营网络或者通过网络提供服务，应当依照法律、行政法规的规定和国家标准的强制性要求，采取技术措施和其他必要措施，保障网络安全、稳定运行，有效应对网络安全事件，防范网络违法犯罪活动，维护网络数据的完整性、保密性和可用性。

第十一条 网络相关行业组织按照章程，加强行业自律，制定网络安全行为规范，指导会员加强网络安全保护，提高网络安全保护水平，促进行业健康发展。

第十二条 国家保护公民、法人和其他组织依法使用网络的权利，促进网络接入普及，提升网络服务水平，为社会提供安全、便利的网络服务，保障网络信息依法有序自由流动。

任何个人和组织使用网络应当遵守宪法法律，遵守公共秩序，尊重社会公德，不得危害网络安全，不得利用网络从事危害国家安全、荣誉和利益，煽动颠覆国家政权、推翻社会主义制度，煽动分裂国家、破坏国家统一，宣扬恐怖主义、极端主义，宣扬民族仇恨、民族歧视，传播暴力、淫秽色情信息，编造、传播虚假信息扰乱经济秩序和社会秩序，以及侵害他人名誉、隐私、知识产权和其他合法权益等活动。

第十三条 国家支持研究开发有利于未成年人健康成长的网络产品和服务，依法惩治利用网络从事危害未成年人身心健康的活动，为未成年人提供安全、健康的网络环境。

第十四条 任何个人和组织有权对危害网络安全的行为向网信、电信、公安等部门举报。收到举报的部门应当及时依法作出处理；不属于本部门职责的，应当及时移送有权处理的部门。

有关部门应当对举报人的相关信息予以保密，保护举报人的合法权益。

第二章 网络安全支持与促进

第十五条 国家建立和完善网络安全标准体系。国务院标准化行政主管部门和国务院其他有关部门根据各自的职责，组织制定并适时修订有关网络安全管理以及网络产品、服务和运行安全的国家标准、行业标准。

国家支持企业、研究机构、高等学校、网络相关行业组织参与网络安全国家标准、行业标准的制定。

第十六条 国务院和省、自治区、直辖市人民政府应当统筹规划，加大投入，扶持重点网络安全技术产业和项目，支持网络安全技术的研究开发和应用，推广安全可信的网络产品和服务，保护网络技术知识产权，支持企业、研究机构和高等学校等参与国家网络安全技术创新项目。

第十七条 国家推进网络安全社会化服务体系建设，鼓励有关企业、机构开展网络安全认证、检测和风险评估等安全服务。

第十八条 国家鼓励开发网络数据安全保护和利用技术，促进公共数据资源开放，推动技术创新和经济社会发展。

国家支持创新网络安全管理方式，运用网络新技术，提升网络安全保护水平。

第十九条 各级人民政府及其有关部门应当组织开展经常性的网络安全宣传教育，并指导、督促有关单位做好网络安全宣传教育工作。

大众传播媒介应当有针对性地面向社会进行网络安全宣传教育。

第二十条 国家支持企业和高等学校、职业学校等教育培训机构开展网络安全相关教育与培训，采取多种方式培养网络安全人才，促进网络安全人才交流。

第三章 网络运行安全

第一节 一般规定

第二十一条 国家实行网络安全等级保护制度。网络运营者应当按照网络安全等级保护制度的要求，履行下列安全保护义务，保障网络免受干扰、破坏或者未经授权的访问，防止网络数据泄露或者被窃取、篡改：

（一）制定内部安全管理制度和操作规程，确定网络安全负责人，落实网络安全保护责任；

（二）采取防范计算机病毒和网络攻击、网络侵入等危害网络安全行为的技术措施；

（三）采取监测、记录网络运行状态、网络安全事件的技术措施，并按照规定留存相关的网络日志不少于六个月；

（四）采取数据分类、重要数据备份和加密等措施；

（五）法律、行政法规规定的其他义务。

第二十二条 网络产品、服务应当符合相关国家标准的强制性要求。网络产品、服务的提供者不得设置恶意程序；发现其网络产品、服务存在安全缺陷、漏洞等风险时，应当立即采取补救措施，按照规定及时告知用户并向有关主管部门报告。

网络产品、服务的提供者应当为其产品、服务持续提供安全维护；在规定或者当事人约定的期限内，不得终止提供安全维护。

网络产品、服务具有收集用户信息功能的，其提供者应当向用户明示并取得同意；涉及用户个人信息的，还应当遵守本法和有关法律、行政法规关于个人信息保护的规定。

第二十三条 网络关键设备和网络安全专用产品应当按照相关国家标准的强制性要求，由具备资格的机构安全认证合格或者安全检测符合要求后，方可销售或者提供。国家网信部门会同国务院有关部门制定、公布网络关键设备和网络安全专用产品目录，并推动安全认证和安全检测结果互认，避免重复认证、检测。

第二十四条 网络运营者为用户办理网络接入、域名注册服务，办理固定电话、移动电话等入网手续，或者为用户提供信息发布、即时通信等服务，在与用户签订协议或者确认提供服务时，应当要求用户提供真实身份信息。用户不提供真实身份信息的，网络运营者不得为其提供相关服务。

国家实施网络可信身份战略，支持研究开发安全、方便的电子身份认证技术，推动不同电子身份认证之间的互认。

第二十五条 网络运营者应当制定网络安全事件应急预案，及时处置系统漏洞、计算机病毒、网络攻击、网络侵入等安全风险；在发生危害网络安全的事件时，立即启动应急预案，采取相应的补救措施，并按照规定向有关主管部门报告。

第二十六条 开展网络安全认证、检测、风险评估等活动，向社会发布系统漏洞、计算机病毒、网络攻击、网络侵入等网络安全信息，应当遵守国家有关规定。

第二十七条 任何个人和组织不得从事非法侵入他人网络、干扰他人网络正常功能、窃取网络数据等危害网络安全的活动；不得提供专门用于从事侵入网络、干扰网络正常功能及防护措施、窃取网络数据等危害网络安全活动的程序、工具；明知他人从事危害网络安全的活动的，不得为其提供技术支持、广告推广、支付结算等帮助。

第二十八条 网络运营者应当为公安机关、国家安全机关依法维护国家安全和侦查犯罪的活动提供技术支持和协助。

第二十九条 国家支持网络运营者之间在网络安全信息收集、分析、通报和应急处置等方面进行合作，提高网络运营者的安全保障能力。

有关行业组织建立健全本行业的网络安全保护规范和协作机制，加强对网络安全风险的分析评估，定期向会员进行风险警示，支持、协助会员应对网络安全风险。

第三十条 网信部门和有关部门在履行网络安全保护职责中获取的信息，只能用于维护网络安全的需要，不得用于其他用途。

第二节 关键信息基础设施的运行安全

第三十一条 国家对公共通信和信息服务、能源、交通、水利、金融、公共服务、电子政务等重要行业和领域，以及其他一旦遭到破坏、丧失功能或者数据泄露，可能严重危害国家安全、国计民生、公共利益的关键信息基础设施，在网络安全等级保护制度的基础上，实行重点保护。关键信息基础设施的具体范围和安全保护办法由国务院制定。

国家鼓励关键信息基础设施以外的网络运营者自愿参与关键信息基础设施保护体系。

第三十二条 按照国务院规定的职责分工，负责关键信息基础设施安全保护工作的部门分别编制并组织实施本行业、本领域的关键信息基础设施安全规划，指导和监督关键信息基础设施运行安全保护工作。

第三十三条 建设关键信息基础设施应当确保其具有支持业务稳定、持续运行的性能，并保证安全技术措施同步规划、同步建设、同步使用。

第三十四条 除本法第二十一条的规定外，关键信息基础设施的运营者还应当履行下列安全保护义务：

（一）设置专门安全管理机构和安全管理负责人，并对该负责人和关键岗位的人员进行安全背景审查；

（二）定期对从业人员进行网络安全教育、技术培训和技能考核；

（三）对重要系统和数据库进行容灾备份；

（四）制定网络安全事件应急预案，并定期进行演练；

（五）法律、行政法规规定的其他义务。

第三十五条 关键信息基础设施的运营者采购网络产品和服务，可能影响国家安全的，应当通过国家网信部门会同国务院有关部门组织的国家安全审查。

第三十六条 关键信息基础设施的运营者采购网络产品和服务，应当按照规定与提供者签订安全保密协议，明确安全和保密义务与责任。

第三十七条 关键信息基础设施的运营者在中华人民共和国境内运营中收集和产生的个人信息和重要数据应当在境内存储。因业务需要，确需向境外提供的，应当按照国家网信部门会同国务院有关部门制定的办法进行安全评估；法律、行政法规另有规定的，依照其规定。

第三十八条 关键信息基础设施的运营者应当自行或者委托网络安全服务机构对其网络的安全性和可能存在的风险每年至少进行一次检测评估，并将检测评估情况和改进措施报送相关负责关键信息基础设施安全保护工作的部门。

第三十九条 国家网信部门应当统筹协调有关部门对关键信息基础设施的安全保护采取下列措施：

（一）对关键信息基础设施的安全风险进行抽查检测，提出改进措施，必要时可以委托网络安全服务机构对网络存在的安全风险进行检测评估；

（二）定期组织关键信息基础设施的运营者进行网络安全应急演练，提高应对网络安全事件的水平和协同配合能力；

（三）促进有关部门、关键信息基础设施的运营者以及有关研究机构、网络安全服务机构等之间的网络安全信息共享；

（四）对网络安全事件的应急处置与网络功能的恢复等，提供技术支持和协助。

第四章　网络信息安全

第四十条 网络运营者应当对其收集的用户信息严格保密，并建立健全用户信息保护制度。

第四十一条 网络运营者收集、使用个人信息，应当遵循合法、正当、必要的原则，公开收集、使用规则，明示收集、使用信息的目的、方式和范围，并经被收集者同意。

网络运营者不得收集与其提供的服务无关的个人信息，不得违反法律、行政法规的规定和双方的约定收集、使用个人信息，并应当依照法律、行政法规的规定和与用户的约定，处理其保存的个人信息。

第四十二条 网络运营者不得泄露、篡改、毁损其收集的个人信息；未经被收集者同意，不得向他人提供个人信息。但是，经过处理无法识别特定个人且不能复原的除外。

网络运营者应当采取技术措施和其他必要措施，确保其收集的个人信息安全，防止信息泄露、毁损、丢失。在发生或者可能发生个人信息泄露、毁损、丢失的情况时，应当立即采取补救措施，按照规定及时告知用户并向有关主管部门报告。

第四十三条 个人发现网络运营者违反法律、行政法规的规定或者双方的约定收集、使用其个人信息的，有权要求网络运营者删除其个人信息；发现网络运营者收集、存储的其个人信息有错误的，有权要求网络运营者予以更正。网络运营者应当采取措施予以删除或者更正。

第四十四条 任何个人和组织不得窃取或者以其他非法方式获取个人信息，不得非法出售或者非法向他人提供个人信息。

第四十五条 依法负有网络安全监督管理职责的部门及其工作人员，必须对在履行职责中知悉的个人信息、隐私和商业秘密严格保密，不得泄露、出售或者非法向他人提供。

第四十六条 任何个人和组织应当对其使用网络的行为负责，不得设立用于实施诈骗，传授犯罪方法，制作或者销售违禁物品、管制物品等违法犯罪活动的网站、通讯群组，不得利用网络发布涉及实施诈骗，制作或者销售违禁物品、管制物品以及其他违法犯罪活动的信息。

第四十七条 网络运营者应当加强对其用户发布的信息的管理，发现法律、行政法规禁止发布或者传输的信息的，应当立即停止传输该信息，采取消除等处置措施，防止信息扩散，保存有关记录，并向有关主管部门报告。

第四十八条 任何个人和组织发送的电子信息、提供的应用软件，不得设置恶意程序，不得含有法律、行政法规禁止发布或者传输的信息。

电子信息发送服务提供者和应用软件下载服务提供者，应当履行安全管理义务，知道其用户有前款规定行为的，应当停止提供服务，采取消除等处置措施，保存有关记录，并向有关主管部门报告。

第四十九条 网络运营者应当建立网络信息安全投诉、举报制度，公布投诉、举报方式等信息，及时受理并处理有关网络信息安全的投诉和举报。

网络运营者对网信部门和有关部门依法实施的监督检查，应当予以配合。

第五十条 国家网信部门和有关部门依法履行网络信息安全监督管理职责，发现法律、行政法规禁止发布或者传输的信息的，应当要求网络运营者停止传输，采取消除等处置措施，保存有关记录；对来源于中华人民共和国境外的上述信息，应当通知有关机构采取技术措施和其他必要措施阻断传播。

第五章 监测预警与应急处置

第五十一条 国家建立网络安全监测预警和信息通报制度。国家网信部门应当统筹协调有关部门加强网络安全信息收集、分析和通报工作，按照规定统一发布网络安全监测预警信息。

第五十二条 负责关键信息基础设施安全保护工作的部门，应当建立健全本行业、本领域的网络安全监测预警和信息通报制度，并按照规定报送网络安全监测预警信息。

第五十三条 国家网信部门协调有关部门建立健全网络安全风险评估和应急工作机制，制定网络安全事件应急预案，并定期组织演练。

负责关键信息基础设施安全保护工作的部门应当制定本行业、本领域的网络安全事件应急预案，并定期组织演练。

网络安全事件应急预案应当按照事件发生后的危害程度、影响范围等因素对网络安全事件进行分级，并规定相应的应急处置措施。

第五十四条 网络安全事件发生的风险增大时，省级以上人民政府有关部门应当按照规定的权限和程序，并根据网络安全风险的特点和可能造成的危害，采取下列措施：

（一）要求有关部门、机构和人员及时收集、报告有关信息，加强对网络安全风险的监测；

（二）组织有关部门、机构和专业人员，对网络安全风险信息进行分析评估，预测事件发生的可能性、影响范围和危害程度；

（三）向社会发布网络安全风险预警，发布避免、减轻危害的措施。

第五十五条 发生网络安全事件，应当立即启动网络安全事件应急预案，对网络安全事件进行调查和评估，要求网络运营者采取技术措施和其他必要措施，消除安全隐患，防止危害扩大，并及时向社会发布与公众有关的警示信息。

第五十六条 省级以上人民政府有关部门在履行网络安全监督管理职责中，发现网络存在较大安全风险或者发生安全事件的，可以按照规定的权限和程序对该网络的运营者的法定代表人或者主要负责人进行约谈。网络运营者应当按照要求采取措施，进行整改，消除隐患。

第五十七条 因网络安全事件，发生突发事件或者生产安全事故的，应当依照《中华人民共和国突发事件应对法》《中华人民共和国安全生产法》等有关法律、行政法规的规定处置。

第五十八条 因维护国家安全和社会公共秩序，处置重大突发社会安全事件的需要，经国务院决定或者批准，可以在特定区域对网络通信采取限制等临时措施。

第六章　法律责任

第五十九条 网络运营者不履行本法第二十一条、第二十五条规定的网络安全保护义务的，由有关主管部门责令改正，给予警告；拒不改正或者导致危害网络安全等后果的，处一万元以上十万元以下罚款，对直接负责的主管人员处五千元以上五万元以下罚款。

关键信息基础设施的运营者不履行本法第三十三条、第三十四条、第三十六条、第三十八条规定的网络安全保护义务的，由有关主管部门责令改正，给予警告；拒不改正或者导致危害网络安全等后果的，处十万元以上一百万元以下罚款，对直接负责的主管人员处一万元以上十万元以下罚款。

第六十条 违反本法第二十二条第一款、第二款和第四十八条第一款规定，有下列行为之一的，由有关主管部门责令改正，给予警告；拒不改正或者导致危害网络安全等后果的，处五万元以上五十万元以下罚款，对直接负责的主管人员处一万元以上十万元以下罚款：

（一）设置恶意程序的；

（二）对其产品、服务存在的安全缺陷、漏洞等风险未立即采取补救措施，或者未按照规定及时告知用户并向有关主管部门报告的；

（三）擅自终止为其产品、服务提供安全维护的。

第六十一条 网络运营者违反本法第二十四条第一款规定，未要求用户提供真实身份信息，或者对不提供真实身份信息的用户提供相关服务的，由有关主管部门责令改正；拒不改正或者情节严重的，处五万元以上五十万元以下罚款，并可以由有关主管部门责令暂停相关业务、停业整顿、关闭网站、吊销相关业务许可证或者吊销营业执照，对直接负责的主管人员和其他直接责任人员处一万元以上十万元以下罚款。

第六十二条 违反本法第二十六条规定，开展网络安全认证、检测、风险评估等活动，或者向社会发布系统漏洞、计算机病毒、网络攻击、网络侵入等网络安全信息的，由有关主管部门责令改正，给予警告；拒不改正或者情节严重的，处一万元以上十万元以下罚款，并可以由有关主管部门责令暂停相关业务、停业整顿、关闭网站、吊销相关业务许可证或者吊销营业执照，对直接负责的主管人员和其他直接责任人员处五千元以上五万元以下罚款。

第六十三条 违反本法第二十七条规定，从事危害网络安全的活动，或者提供专门用于从事危害网络安全活动的程序、工具，或者为他人从事危害网络安全的活动提供技术支持、广告推广、支付结算等帮助，尚不构成犯罪的，由公安机关没收违法所得，处五日以下拘留，可以并处五万元以上五十万元以下罚款；情节较重的，处五日以上十五日以下拘留，可以并处十万元以上一百万元以下罚款。

单位有前款行为的，由公安机关没收违法所得，处十万元以上一百万元以下罚款，并对直接负责的主管人员和其他直接责任人员依照前款规定处罚。

违反本法第二十七条规定，受到治安管理处罚的人员，五年内不得从事网络安全管理和网络运营关键岗位的工作；受到刑事处罚的人员，终身不得从事网络安全管理和网络运营关键岗位的工作。

第六十四条 网络运营者、网络产品或者服务的提供者违反本法第二十二条第三款、第四十一条至第四十三条规定，侵害个人信息依法得到保护的权利的，由有关主管部门责令改正，可以根据情节单处或者并处警告、没收违法所得、处违法所得一倍以上十倍以下罚款，没有违法所得的，处一百万元以下罚款，对直接负责的主管人员和其他直接责任人员处一万元以上十万元以下罚款；情节严重的，并可以责令暂停相关业务、停业整顿、关闭网站、吊销相关业务许可证或者吊销营业执照。

违反本法第四十四条规定，窃取或者以其他非法方式获取、非法出售或者非法向他人提供个人信息，尚不构成犯罪的，由公安机关没收违法所得，并处违法所得一倍以上十倍以下罚款，没有违法所得的，处一百万元以下罚款。

第六十五条 关键信息基础设施的运营者违反本法第三十五条规定，使用未经安全审查或者安全审查未通过的网络产品或者服务的，由有关主管部门责令停止使用，处采购金额一倍以上十倍以下罚款；对直接负责的主管人员和其他直接责任人员处一万元以上十万元以下罚款。

第六十六条 关键信息基础设施的运营者违反本法第三十七条规定，在境外存储网络数据，或者向境外提供网络数据的，由有关主管部门责令改正，给予警告，没收违法所得，处五万元以上五十万元以下罚款，并可以责令暂停相关业务、停业整顿、关闭网站、吊销相关业务许可证或者吊销营业执照；对直接负责的主管人员和其他直接责任人员处一万元以上十万元以下罚款。

第六十七条 违反本法第四十六条规定，设立用于实施违法犯罪活动的网站、通讯群组，或者利用网络发布涉及实施违法犯罪活动的信息，尚不构成犯罪的，由公安机关处五日以下拘留，可以并处一万元以上十万元以下罚款；情节较重的，处五日以上十五日以下拘留，可以并处五万元以上五十万元以下罚款。关闭用于实施违法犯罪活动的网站、通讯群组。

单位有前款行为的，由公安机关处十万元以上五十万元以下罚款，并对直接负责的主管人员和其他直接责任人员依照前款规定处罚。

第六十八条 网络运营者违反本法第四十七条规定，对法律、行政法规禁止发布或者传输的信息未停止传输、采取消除等处置措施、保存有关记录的，由有关主管部门责令改正，给予警告，没收违法所得；拒不改正或者情节严重的，处十万元以上五十万元以下罚款，并可以责令暂停相关业务、停业整顿、关闭网站、吊销相关业务许可证或者吊销营业执照，对直接负责的主管人员和其他直接责任人员处一万元以上十万元以下罚款。

电子信息发送服务提供者、应用软件下载服务提供者，不履行本法第四十八条第二款规定的安全管理义务的，依照前款规定处罚。

第六十九条 网络运营者违反本法规定，有下列行为之一的，由有关主管部门责令改正；拒不改正或者情节严重的，处五万元以上五十万元以下罚款，对直接负责的主管人员和其他直接责任人员，处一万元以上十万元以下罚款：

（一）不按照有关部门的要求对法律、行政法规禁止发布或者传输的信息，采取停止传输、消除等处置措施的；

（二）拒绝、阻碍有关部门依法实施的监督检查的；

（三）拒不向公安机关、国家安全机关提供技术支持和协助的。

第七十条 发布或者传输本法第十二条第二款和其他法律、行政法规禁止发布或者传输的信息的，依照有关法律、行政法规的规定处罚。

第七十一条 有本法规定的违法行为的，依照有关法律、行政法规的规定记入信用档案，并予以公示。

第七十二条 国家机关政务网络的运营者不履行本法规定的网络安全保护义务的，由其上级机关或者有关机关责令改正；对直接负责的主管人员和其他直接责任人员依法给予处分。

第七十三条 网信部门和有关部门违反本法第三十条规定，将在履行网络安全保护职责中获取的信息用于其他用途的，对直接负责的主管人员和其他直接责任人员依法给予处分。

网信部门和有关部门的工作人员玩忽职守、滥用职权、徇私舞弊，尚不构成犯罪的，依法给予处分。

第七十四条 违反本法规定，给他人造成损害的，依法承担民事责任。

违反本法规定，构成违反治安管理行为的，依法给予治安管理处罚；构成犯罪的，依法追究刑事责任。

第七十五条 境外的机构、组织、个人从事攻击、侵入、干扰、破坏等危害中华人民共和国的关键信息基础设施的活动，造成严重后果的，依法追究法律责任；国务院公安部门和有关部门并可以决定对该机构、组织、个人采取冻结财产或者其他必要的制裁措施。

第七章 附则

第七十六条 本法下列用语的含义：

（一）网络，是指由计算机或者其他信息终端及相关设备组成的按照一定的规则和程序对信息进行收集、存储、传输、交换、处理的系统。

（二）网络安全，是指通过采取必要措施，防范对网络的攻击、侵入、干扰、破坏和非法使用以及意外事故，使网络处于稳定可靠运行的状态，以及保障网络数据的完整性、保密性、可用性的能力。

（三）网络运营者，是指网络的所有者、管理者和网络服务提供者。

（四）网络数据，是指通过网络收集、存储、传输、处理和产生的各种电子数据。

（五）个人信息，是指以电子或者其他方式记录的能够单独或者与其他信息结合识别自然人个人身份的各种信息，包括但不限于自然人的姓名、出生日期、身份证件号码、个人生物识别信息、住址、电话号码等。

第七十七条 存储、处理涉及国家秘密信息的网络的运行安全保护，除应当遵守本法外，还应当遵守保密法律、行政法规的规定。

第七十八条 军事网络的安全保护，由中央军事委员会另行规定。

第七十九条 本法自2017年6月1日起施行。

中华人民共和国数据安全法

第一章　总则

第一条　为了规范数据处理活动，保障数据安全，促进数据开发利用，保护个人、组织的合法权益，维护国家主权、安全和发展利益，制定本法。

第二条　在中华人民共和国境内开展数据处理活动及其安全监管，适用本法。

在中华人民共和国境外开展数据处理活动，损害中华人民共和国国家安全、公共利益或者公民、组织合法权益的，依法追究法律责任。

第三条　本法所称数据，是指任何以电子或者其他方式对信息的记录。

数据处理，包括数据的收集、存储、使用、加工、传输、提供、公开等。

数据安全，是指通过采取必要措施，确保数据处于有效保护和合法利用的状态，以及具备保障持续安全状态的能力。

第四条　维护数据安全，应当坚持总体国家安全观，建立健全数据安全治理体系，提高数据安全保障能力。

第五条 中央国家安全领导机构负责国家数据安全工作的决策和议事协调，研究制定、指导实施国家数据安全战略和有关重大方针政策，统筹协调国家数据安全的重大事项和重要工作，建立国家数据安全工作协调机制。

第六条 各地区、各部门对本地区、本部门工作中收集和产生的数据及数据安全负责。

工业、电信、交通、金融、自然资源、卫生健康、教育、科技等主管部门承担本行业、本领域数据安全监管职责。

公安机关、国家安全机关等依照本法和有关法律、行政法规的规定，在各自职责范围内承担数据安全监管职责。

国家网信部门依照本法和有关法律、行政法规的规定，负责统筹协调网络数据安全和相关监管工作。

第七条 国家保护个人、组织与数据有关的权益，鼓励数据依法合理有效利用，保障数据依法有序自由流动，促进以数据为关键要素的数字经济发展。

第八条 开展数据处理活动，应当遵守法律、法规，尊重社会公德和伦理，遵守商业道德和职业道德，诚实守信，履行数据安全保护义务，承担社会责任，不得危害国家安全、公共利益，不得损害个人、组织的合法权益。

第九条 国家支持开展数据安全知识宣传普及，提高全社会的数据安全保护意识和水平，推动有关部门、行业组织、科研机构、企业、个人等共同参与数据安全保护工作，形成全社会共同维护数据安全和促进发展的良好环境。

第十条 相关行业组织按照章程，依法制定数据安全行为规范和团体标准，加强行业自律，指导会员加强数据安全保护，提高数据安全保护水平，促进行业健康发展。

第十一条 国家积极开展数据安全治理、数据开发利用等领域的国际交流与合作，参与数据安全相关国际规则和标准的制定，促进数据跨境安全、自由流动。

第十二条 任何个人、组织都有权对违反本法规定的行为向有关主管部门投诉、举报。收到投诉、举报的部门应当及时依法处理。

有关主管部门应当对投诉、举报人的相关信息予以保密，保护投诉、举报人的合法权益。

第二章 数据安全与发展

第十三条 国家统筹发展和安全，坚持以数据开发利用和产业发展促进数据安全，以数据安全保障数据开发利用和产业发展。

第十四条 国家实施大数据战略，推进数据基础设施建设，鼓励和支持数据在各行业、各领域的创新应用。

省级以上人民政府应当将数字经济发展纳入本级国民经济和社会发展规划，并根据需要制定数字经济发展规划。

第十五条 国家支持开发利用数据提升公共服务的智能化水平。提供智能化公共服务，应当充分考虑老年人、残疾人的需求，避免对老年人、残疾人的日常生活造成障碍。

第十六条 国家支持数据开发利用和数据安全技术研究，鼓励数据开发利用和数据安全等领域的技术推广和商业创新，培育、发展数据开发利用和数据安全产品、产业体系。

第十七条 国家推进数据开发利用技术和数据安全标准体系建设。国务院标准化行政主管部门和国务院有关部门根据各自的职责，组织制定并适时修订有关数据开发利用技术、产品和数据安全相关标准。国家支持企业、社会团体和教育、科研机构等参与标准制定。

第十八条 国家促进数据安全检测评估、认证等服务的发展，支持数据安全检测评估、认证等专业机构依法开展服务活动。

国家支持有关部门、行业组织、企业、教育和科研机构、有关专业机构等在数据安全风险评估、防范、处置等方面开展协作。

第十九条 国家建立健全数据交易管理制度，规范数据交易行为，培育数据交易市场。

第二十条 国家支持教育、科研机构和企业等开展数据开发利用技术和数据安全相关教育和培训，采取多种方式培养数据开发利用技术和数据安全专业人才，促进人才交流。

第三章 数据安全制度

第二十一条 国家建立数据分类分级保护制度，根据数据在经济社会发展中的重要程度，以及一旦遭到篡改、破坏、泄露或者非法获取、非法利用，对国家安全、公共利益或者个人、组织合法权益造成的危害程度，对数据实行分类分级保护。国家数据安全工作协调机制统筹协调有关部门制定重要数据目录，加强对重要数据的保护。

关系国家安全、国民经济命脉、重要民生、重大公共利益等数据属于国家核心数据，实行更加严格的管理制度。

各地区、各部门应当按照数据分类分级保护制度，确定本地区、本部门以及相关行业、领域的重要数据具体目录，对列入目录的数据进行重点保护。

第二十二条 国家建立集中统一、高效权威的数据安全风险评估、报告、信息共享、监测预警机制。国家数据安全工作协调机制统筹协调有关部门加强数据安全风险信息的获取、分析、研判、预警工作。

第二十三条 国家建立数据安全应急处置机制。发生数据安全事件，有关主管部门应当依法启动应急预案，采取相应的应急处置措施，防止危害扩大，消除安全隐患，并及时向社会发布与公众有关的警示信息。

第二十四条 国家建立数据安全审查制度，对影响或者可能影响国家安全的数据处理活动进行国家安全审查。

依法作出的安全审查决定为最终决定。

第二十五条 国家对与维护国家安全和利益、履行国际义务相关的属于管制物项的数据依法实施出口管制。

第二十六条 任何国家或者地区在与数据和数据开发利用技术等有关的投资、贸易等方面对中华人民共和国采取歧视性的禁止、限制或者其他类似措施的，中华人民共和国可以根据实际情况对该国家或者地区对等采取措施。

第四章　数据安全保护义务

第二十七条　开展数据处理活动应当依照法律、法规的规定，建立健全全流程数据安全管理制度，组织开展数据安全教育培训，采取相应的技术措施和其他必要措施，保障数据安全。利用互联网等信息网络开展数据处理活动，应当在网络安全等级保护制度的基础上，履行上述数据安全保护义务。

重要数据的处理者应当明确数据安全负责人和管理机构，落实数据安全保护责任。

第二十八条　开展数据处理活动以及研究开发数据新技术，应当有利于促进经济社会发展，增进人民福祉，符合社会公德和伦理。

第二十九条　开展数据处理活动应当加强风险监测，发现数据安全缺陷、漏洞等风险时，应当立即采取补救措施；发生数据安全事件时，应当立即采取处置措施，按照规定及时告知用户并向有关主管部门报告。

第三十条　重要数据的处理者应当按照规定对其数据处理活动定期开展风险评估，并向有关主管部门报送风险评估报告。

风险评估报告应当包括处理的重要数据的种类、数量，开展数据处理活动的情况，面临的数据安全风险及其应对措施等。

第三十一条　关键信息基础设施的运营者在中华人民共和国境内运营中收集和产生的重要数据的出境安全管理，适用《中华人民共和国网络安全法》的规定；其他数据处理者在中华人民共和国境内运营中收集和产生的重要数据的出境安全管理办法，由国家网信部门会同国务院有关部门制定。

第三十二条　任何组织、个人收集数据，应当采取合法、正当的方式，不得窃取或者以其他非法方式获取数据。

法律、行政法规对收集、使用数据的目的、范围有规定的，应当在法律、行政法规规定的目的和范围内收集、使用数据。

第三十三条　从事数据交易中介服务的机构提供服务，应当要求数据提供方说明数据来源，审核交易双方的身份，并留存审核、交易记录。

第三十四条 法律、行政法规规定提供数据处理相关服务应当取得行政许可的，服务提供者应当依法取得许可。

第三十五条 公安机关、国家安全机关因依法维护国家安全或者侦查犯罪的需要调取数据，应当按照国家有关规定，经过严格的批准手续，依法进行，有关组织、个人应当予以配合。

第三十六条 中华人民共和国主管机关根据有关法律和中华人民共和国缔结或者参加的国际条约、协定，或者按照平等互惠原则，处理外国司法或者执法机构关于提供数据的请求。非经中华人民共和国主管机关批准，境内的组织、个人不得向外国司法或者执法机构提供存储于中华人民共和国境内的数据。

第五章 政务数据安全与开放

第三十七条 国家大力推进电子政务建设，提高政务数据的科学性、准确性、时效性，提升运用数据服务经济社会发展的能力。

第三十八条 国家机关为履行法定职责的需要收集、使用数据，应当在其履行法定职责的范围内依照法律、行政法规规定的条件和程序进行；对在履行职责中知悉的个人隐私、个人信息、商业秘密、保密商务信息等数据应当依法予以保密，不得泄露或者非法向他人提供。

第三十九条 国家机关应当依照法律、行政法规的规定，建立健全数据安全管理制度，落实数据安全保护责任，保障政务数据安全。

第四十条 国家机关委托他人建设、维护电子政务系统，存储、加工政务数据，应当经过严格的批准程序，并应当监督受托方履行相应的数据安全保护义务。受托方应当依照法律、法规的规定和合同约定履行数据安全保护义务，不得擅自留存、使用、泄露或者向他人提供政务数据。

第四十一条 国家机关应当遵循公正、公平、便民的原则，按照规定及时、准确地公开政务数据。依法不予公开的除外。

第四十二条 国家制定政务数据开放目录，构建统一规范、互联互通、安全可控的政务数据开放平台，推动政务数据开放利用。

第四十三条 法律、法规授权的具有管理公共事务职能的组织为履行法定职责开展数据处理活动，适用本章规定。

第六章 法律责任

第四十四条 有关主管部门在履行数据安全监管职责中，发现数据处理活动存在较大安全风险的，可以按照规定的权限和程序对有关组织、个人进行约谈，并要求有关组织、个人采取措施进行整改，消除隐患。

第四十五条 开展数据处理活动的组织、个人不履行本法第二十七条、第二十九条、第三十条规定的数据安全保护义务的，由有关主管部门责令改正，给予警告，可以并处五万元以上五十万元以下罚款，对直接负责的主管人员和其他直接责任人员可以处一万元以上十万元以下罚款；拒不改正或者造成大量数据泄露等严重后果的，处五十万元以上二百万元以下罚款，并可以责令暂停相关业务、停业整顿、吊销相关业务许可证或者吊销营业执照，对直接负责的主管人员和其他直接责任人员处五万元以上二十万元以下罚款。

违反国家核心数据管理制度，危害国家主权、安全和发展利益的，由有关主管部门处二百万元以上一千万元以下罚款，并根据情况责令暂停相关业务、停业整顿、吊销相关业务许可证或者吊销营业执照；构成犯罪的，依法追究刑事责任。

第四十六条 违反本法第三十一条规定，向境外提供重要数据的，由有关主管部门责令改正，给予警告，可以并处十万元以上一百万元以下罚款，对直接负责的主管人员和其他直接责任人员可以处一万元以上十万元以下罚款；情节严重的，处一百万元以上一千万元以下罚款，并可以责令暂停相关业务、停业整顿、吊销相关业务许可证或者吊销营业执照，对直接负责的主管人员和其他直接责任人员处十万元以上一百万元以下罚款。

第四十七条 从事数据交易中介服务的机构未履行本法第三十三条规定的义务的，由有关主管部门责令改正，没收违法所得，处违法所得一倍以上十倍以下罚款，没有违法所得或者违法所得不足十万元的，处十万元以上一百万元以下罚款，并可以责令暂停相关业务、停业整顿、吊销相关业务许可证或者吊销营业执照；对直接负责的主管人员和其他直接责任人员处一万元以上十万元以下罚款。

第四十八条 违反本法第三十五条规定，拒不配合数据调取的，由有关主管部门责令改正，给予警告，并处五万元以上五十万元以下罚款，对直接负责的主管人员和其他直接责任人员处一万元以上十万元以下罚款。

违反本法第三十六条规定，未经主管机关批准向外国司法或者执法机构提供数据的，由有关主管部门给予警告，可以并处十万元以上一百万元以下罚款，对直接负责的主管人员和其他直接责任人员可以处一万元以上十万元以下罚款；造成严重后果的，处一百万元以上五百万元以下罚款，并可以责令暂停相关业务、停业整顿、吊销相关业务许可证或者吊销营业执照，对直接负责的主管人员和其他直接责任人员处五万元以上五十万元以下罚款。

第四十九条 国家机关不履行本法规定的数据安全保护义务的，对直接负责的主管人员和其他直接责任人员依法给予处分。

第五十条 履行数据安全监管职责的国家工作人员玩忽职守、滥用职权、徇私舞弊的，依法给予处分。

第五十一条 窃取或者以其他非法方式获取数据，开展数据处理活动排除、限制竞争，或者损害个人、组织合法权益的，依照有关法律、行政法规的规定处罚。

第五十二条 违反本法规定，给他人造成损害的，依法承担民事责任。

违反本法规定，构成违反治安管理行为的，依法给予治安管理处罚；构成犯罪的，依法追究刑事责任。

第七章 附则

第五十三条 开展涉及国家秘密的数据处理活动，适用《中华人民共和国保守国家秘密法》等法律、行政法规的规定。

在统计、档案工作中开展数据处理活动，开展涉及个人信息的数据处理活动，还应当遵守有关法律、行政法规的规定。

第五十四条 军事数据安全保护的办法，由中央军事委员会依据本法另行制定。

第五十五条 本法自2021年9月1日起施行。

中华人民共和国个人信息保护法

目录

第一章　总则

第一条　为了保护个人信息权益，规范个人信息处理活动，促进个人信息合理利用，根据宪法，制定本法。

第二条　自然人的个人信息受法律保护，任何组织、个人不得侵害自然人的个人信息权益。

第三条　在中华人民共和国境内处理自然人个人信息的活动，适用本法。在中华人民共和国境外处理中华人民共和国境内自然人个人信息的活动，有下列情形之一的，也适用本法：（一）以向境内自然人提供产品或者服务为目的；（二）分析、评估境内自然人的行为；（三）法律、行政法规规定的其他情形。

第四条 个人信息是以电子或者其他方式记录的与已识别或者可识别的自然人有关的各种信息，不包括匿名化处理后的信息。个人信息的处理包括个人信息的收集、存储、使用、加工、传输、提供、公开、删除等。

第五条 处理个人信息应当遵循合法、正当、必要和诚信原则，不得通过误导、欺诈、胁迫等方式处理个人信息。

第六条 处理个人信息应当具有明确、合理的目的，并应当与处理目的直接相关，采取对个人权益影响最小的方式。收集个人信息，应当限于实现处理目的的最小范围，不得过度收集个人信息。

第七条 处理个人信息应当遵循公开、透明原则，公开个人信息处理规则，明示处理的目的、方式和范围。

第八条 处理个人信息应当保证个人信息的质量，避免因个人信息不准确、不完整对个人权益造成不利影响。

第九条 个人信息处理者应当对其个人信息处理活动负责，并采取必要措施保障所处理的个人信息的安全。

第十条 任何组织、个人不得非法收集、使用、加工、传输他人个人信息，不得非法买卖、提供或者公开他人个人信息；不得从事危害国家安全、公共利益的个人信息处理活动。

第十一条 国家建立健全个人信息保护制度，预防和惩治侵害个人信息权益的行为，加强个人信息保护宣传教育，推动形成政府、企业、相关社会组织、公众共同参与个人信息保护的良好环境。

第十二条 国家积极参与个人信息保护国际规则的制定，促进个人信息保护方面的国际交流与合作，推动与其他国家、地区、国际组织之间的个人信息保护规则、标准等互认。

第二章　个人信息处理规则

第一节　一般规定

第十三条　符合下列情形之一的，个人信息处理者方可处理个人信息：（一）取得个人的同意；（二）为订立、履行个人作为一方当事人的合同所必需，或者按照依法制定的劳动规章制度和依法签订的集体合同实施人力资源管理所必需；（三）为履行法定职责或者法定义务所必需；（四）为应对突发公共卫生事件，或者紧急情况下为保护自然人的生命健康和财产安全所必需；（五）为公共利益实施新闻报道、舆论监督等行为，在合理的范围内处理个人信息；（六）依照本法规定在合理的范围内处理个人自行公开或者其他已经合法公开的个人信息；（七）法律、行政法规规定的其他情形。依照本法其他有关规定，处理个人信息应当取得个人同意，但是有前款第二项至第七项规定情形的，不需取得个人同意。

第十四条　基于个人同意处理个人信息的，该同意应当由个人在充分知情的前提下自愿、明确作出。法律、行政法规规定处理个人信息应当取得个人单独同意或者书面同意的，从其规定。个人信息的处理目的、处理方式和处理的个人信息种类发生变更的，应当重新取得个人同意。

第十五条　基于个人同意处理个人信息的，个人有权撤回其同意。个人信息处理者应当提供便捷的撤回同意的方式。个人撤回同意，不影响撤回前基于个人同意已进行的个人信息处理活动的效力。

第十六条　个人信息处理者不得以个人不同意处理其个人信息或者撤回同意为由，拒绝提供产品或者服务；处理个人信息属于提供产品或者服务所必需的除外。

第十七条　个人信息处理者在处理个人信息前，应当以显著方式、清晰易懂的语言真实、准确、完整地向个人告知下列事项：（一）个人信息处理者的名称或者姓名和联系方式；（二）个人信息的处理目的、处理方式，处理的个人信息种类、保存期限；（三）个人行使本法规定权利的方式和程序；（四）法律、行政法规规定应当告知的其他事项。前款规定事项发生变更的，应当将变更部分告知个人。个人信息处理者通过制定个人信息处理规则的方式告知第一款规定事项的，处理规则应当公开，并且便于查阅和保存。

第十八条 个人信息处理者处理个人信息，有法律、行政法规规定应当保密或者不需要告知的情形的，可以不向个人告知前条第一款规定的事项。紧急情况下为保护自然人的生命健康和财产安全无法及时向个人告知的，个人信息处理者应当在紧急情况消除后及时告知。

第十九条 除法律、行政法规另有规定外，个人信息的保存期限应当为实现处理目的所必要的最短时间。

第二十条 两个以上的个人信息处理者共同决定个人信息的处理目的和处理方式的，应当约定各自的权利和义务。但是，该约定不影响个人向其中任何一个个人信息处理者要求行使本法规定的权利。个人信息处理者共同处理个人信息，侵害个人信息权益造成损害的，应当依法承担连带责任。

第二十一条 个人信息处理者委托处理个人信息的，应当与受托人约定委托处理的目的、期限、处理方式、个人信息的种类、保护措施以及双方的权利和义务等，并对受托人的个人信息处理活动进行监督。受托人应当按照约定处理个人信息，不得超出约定的处理目的、处理方式等处理个人信息；委托合同不生效、无效、被撤销或者终止的，受托人应当将个人信息返还个人信息处理者或者予以删除，不得保留。未经个人信息处理者同意，受托人不得转委托他人处理个人信息。

第二十二条 个人信息处理者因合并、分立、解散、被宣告破产等原因需要转移个人信息的，应当向个人告知接收方的名称或者姓名和联系方式。接收方应当继续履行个人信息处理者的义务。接收方变更原先的处理目的、处理方式的，应当依照本法规定重新取得个人同意。

第二十三条 个人信息处理者向其他个人信息处理者提供其处理的个人信息的，应当向个人告知接收方的名称或者姓名、联系方式、处理目的、处理方式和个人信息的种类，并取得个人的单独同意。接收方应当在上述处理目的、处理方式和个人信息的种类等范围内处理个人信息。接收方变更原先的处理目的、处理方式的，应当依照本法规定重新取得个人同意。

第二十四条 个人信息处理者利用个人信息进行自动化决策，应当保证决策的透明度和结果公平、公正，不得对个人在交易价格等交易条件上实行不合理的差别待遇。通过自动化决策方式向个人进行信息推送、商业营销，应当同时提供不针对其个人特征的选项，或者向个人提供便捷的拒绝方式。通过自动化决策方式作出对个人权益有重大影响的决定，个人有权要求个人信息处理者予以说明，并有权拒绝个人信息处理者仅通过自动化决策的方式作出决定。

第二十五条 个人信息处理者不得公开其处理的个人信息，取得个人单独同意的除外。

第二十六条 在公共场所安装图像采集、个人身份识别设备，应当为维护公共安全所必需，遵守国家有关规定，并设置显著的提示标识。所收集的个人图像、身份识别信息只能用于维护公共安全的目的，不得用于其他目的；取得个人单独同意的除外。

第二十七条 个人信息处理者可以在合理的范围内处理个人自行公开或者其他已经合法公开的个人信息；个人明确拒绝的除外。个人信息处理者处理已公开的个人信息，对个人权益有重大影响的，应当依照本法规定取得个人同意。

第二节 敏感个人信息的处理规则

第二十八条 敏感个人信息是一旦泄露或者非法使用，容易导致自然人的人格尊严受到侵害或者人身、财产安全受到危害的个人信息，包括生物识别、宗教信仰、特定身份、医疗健康、金融账户、行踪轨迹等信息，以及不满十四周岁未成年人的个人信息。只有在具有特定的目的和充分的必要性，并采取严格保护措施的情形下，个人信息处理者方可处理敏感个人信息。

第二十九条 处理敏感个人信息应当取得个人的单独同意；法律、行政法规规定处理敏感个人信息应当取得书面同意的，从其规定。

第三十条 个人信息处理者处理敏感个人信息的，除本法第十七条第一款规定的事项外，还应当向个人告知处理敏感个人信息的必要性以及对个人权益的影响；依照本法规定可以不向个人告知的除外。

第三十一条 个人信息处理者处理不满十四周岁未成年人个人信息的，应当取得未成年人的父母或者其他监护人的同意。个人信息处理者处理不满十四周岁未成年人个人信息的，应当制定专门的个人信息处理规则。

第三十二条 法律、行政法规对处理敏感个人信息规定应当取得相关行政许可或者作出其他限制的，从其规定。第三节 国家机关处理个人信息的特别规定

第三十三条 国家机关处理个人信息的活动，适用本法；本节有特别规定的，适用本节规定。

第三十四条 国家机关为履行法定职责处理个人信息，应当依照法律、行政法规规定的权限、程序进行，不得超出履行法定职责所必需的范围和限度。

第三十五条 国家机关为履行法定职责处理个人信息，应当依照本法规定履行告知义务；有本法第十八条第一款规定的情形，或者告知将妨碍国家机关履行法定职责的除外。

第三十六条 国家机关处理的个人信息应当在中华人民共和国境内存储；确需向境外提供的，应当进行安全评估。安全评估可以要求有关部门提供支持与协助。

第三十七条 法律、法规授权的具有管理公共事务职能的组织为履行法定职责处理个人信息，适用本法关于国家机关处理个人信息的规定。

第三章 个人信息跨境提供的规则

第三十八条 个人信息处理者因业务等需要，确需向中华人民共和国境外提供个人信息的，应当具备下列条件之一：（一）依照本法第四十条的规定通过国家网信部门组织的安全评估；（二）按照国家网信部门的规定经专业机构进行个人信息保护认证；（三）按照国家网信部门制定的标准合同与境外接收方订立合同，约定双方的权利和义务；（四）法律、行政法规或者国家网信部门规定的其他条件。中华人民共和国缔结或者参加的国际条约、

协定对向中华人民共和国境外提供个人信息的条件等有规定的，可以按照其规定执行。个人信息处理者应当采取必要措施，保障境外接收方处理个人信息的活动达到本法规定的个人信息保护标准。

第三十九条 个人信息处理者向中华人民共和国境外提供个人信息的，应当向个人告知境外接收方的名称或者姓名、联系方式、处理目的、处理方式、个人信息的种类以及个人向境外接收方行使本法规定权利的方式和程序等事项，并取得个人的单独同意。

第四十条 关键信息基础设施运营者和处理个人信息达到国家网信部门规定数量的个人信息处理者，应当将在中华人民共和国境内收集和产生的个人信息存储在境内。确需向境外提供的，应当通过国家网信部门组织的安全评估；法律、行政法规和国家网信部门规定可以不进行安全评估的，从其规定。

第四十一条 中华人民共和国主管机关根据有关法律和中华人民共和国缔结或者参加的国际条约、协定，或者按照平等互惠原则，处理外国司法或者执法机构关于提供存储于境内个人信息的请求。非经中华人民共和国主管机关批准，个人信息处理者不得向外国司法或者执法机构提供存储于中华人民共和国境内的个人信息。

第四十二条 境外的组织、个人从事侵害中华人民共和国公民的个人信息权益，或者危害中华人民共和国国家安全、公共利益的个人信息处理活动的，国家网信部门可以将其列入限制或者禁止个人信息提供清单，予以公告，并采取限制或者禁止向其提供个人信息等措施。

第四十三条 任何国家或者地区在个人信息保护方面对中华人民共和国采取歧视性的禁止、限制或者其他类似措施的，中华人民共和国可以根据实际情况对该国家或者地区对等采取措施。

第四章 个人在个人信息处理活动中的权利

第四十四条 个人对其个人信息的处理享有知情权、决定权，有权限制或者拒绝他人对其个人信息进行处理；法律、行政法规另有规定的除外。

第四十五条 个人有权向个人信息处理者查阅、复制其个人信息；有本法第十八条第一款、第三十五条规定情形的除外。个人请求查阅、复制其个人信息的，个人信息处理者应当及时提供。个人请求将个人信息转移至其指定的个人信息处理者，符合国家网信部门规定条件的，个人信息处理者应当提供转移的途径。

第四十六条 个人发现其个人信息不准确或者不完整的，有权请求个人信息处理者更正、补充。个人请求更正、补充其个人信息的，个人信息处理者应当对其个人信息予以核实，并及时更正、补充。

第四十七条 有下列情形之一的，个人信息处理者应当主动删除个人信息；个人信息处理者未删除的，个人有权请求删除：（一）处理目的已实现、无法实现或者为实现处理目的不再必要；（二）个人信息处理者停止提供产品或者服务，或者保存期限已届满；（三）个人撤回同意；（四）个人信息处理者违反法律、行政法规或者违反约定处理个人信息；（五）法律、行政法规规定的其他情形。法律、行政法规规定的保存期限未届满，或者删除个人信息从技术上难以实现的，个人信息处理者应当停止除存储和采取必要的安全保护措施之外的处理。

第四十八条 个人有权要求个人信息处理者对其个人信息处理规则进行解释说明。

第四十九条 自然人死亡的，其近亲属为了自身的合法、正当利益，可以对死者的相关个人信息行使本章规定的查阅、复制、更正、删除等权利；死者生前另有安排的除外。

第五十条 个人信息处理者应当建立便捷的个人行使权利的申请受理和处理机制。拒绝个人行使权利的请求的，应当说明理由。个人信息处理者拒绝个人行使权利的请求的，个人可以依法向人民法院提起诉讼。

第五章 个人信息处理者的义务

第五十一条 个人信息处理者应当根据个人信息的处理目的、处理方式、个人信息的种类以及对个人权益的影响、可能存在的安全风险等，采取下列措施确保个人信息处理活动符合法律、行政法规的规定，并防止未经授权的访问以及个人信息泄露、篡改、丢失：（一）制定内部管理制度和操作规程；（二）对个人信息实行分类管理；（三）采取相应的加密、去标识化等安全技术措施；（四）合理确定个人信息处理的操作权限，并定期对从业人员进行安全教育和培训；（五）制定并组织实施个人信息安全事件应急预案；（六）法律、行政法规规定的其他措施。

第五十二条　处理个人信息达到国家网信部门规定数量的个人信息处理者应当指定个人信息保护负责人，负责对个人信息处理活动以及采取的保护措施等进行监督。个人信息处理者应当公开个人信息保护负责人的联系方式，并将个人信息保护负责人的姓名、联系方式等报送履行个人信息保护职责的部门。

第五十三条　本法第三条第二款规定的中华人民共和国境外的个人信息处理者，应当在中华人民共和国境内设立专门机构或者指定代表，负责处理个人信息保护相关事务，并将有关机构的名称或者代表的姓名、联系方式等报送履行个人信息保护职责的部门。

第五十四条　个人信息处理者应当定期对其处理个人信息遵守法律、行政法规的情况进行合规审计。

第五十五条　有下列情形之一的，个人信息处理者应当事前进行个人信息保护影响评估，并对处理情况进行记录：（一）处理敏感个人信息；（二）利用个人信息进行自动化决策；（三）委托处理个人信息、向其他个人信息处理者提供个人信息、公开个人信息；（四）向境外提供个人信息；（五）其他对个人权益有重大影响的个人信息处理活动。

第五十六条　个人信息保护影响评估应当包括下列内容：（一）个人信息的处理目的、处理方式等是否合法、正当、必要；（二）对个人权益的影响及安全风险；（三）所采取的保护措施是否合法、有效并与风险程度相适应。个人信息保护影响评估报告和处理情况记录应当至少保存三年。

第五十七条　发生或者可能发生个人信息泄露、篡改、丢失的，个人信息处理者应当立即采取补救措施，并通知履行个人信息保护职责的部门和个人。通知应当包括下列事项：（一）发生或者可能发生个人信息泄露、篡改、丢失的信息种类、原因和可能造成的危害；（二）个人信息处理者采取的补救措施和个人可以采取的减轻危害的措施；（三）个人信息处理者的联系方式。个人信息处理者采取措施能够有效避免信息泄露、篡改、丢失造成危害的，个人信息处理者可以不通知个人；履行个人信息保护职责的部门认为可能造成危害的，有权要求个人信息处理者通知个人。

第五十八条 提供重要互联网平台服务、用户数量巨大、业务类型复杂的个人信息处理者，应当履行下列义务：（一）按照国家规定建立健全个人信息保护合规制度体系，成立主要由外部成员组成的独立机构对个人信息保护情况进行监督；（二）遵循公开、公平、公正的原则，制定平台规则，明确平台内产品或者服务提供者处理个人信息的规范和保护个人信息的义务；（三）对严重违反法律、行政法规处理个人信息的平台内的产品或者服务提供者，停止提供服务；（四）定期发布个人信息保护社会责任报告，接受社会监督。

第五十九条 接受委托处理个人信息的受托人，应当依照本法和有关法律、行政法规的规定，采取必要措施保障所处理的个人信息的安全，并协助个人信息处理者履行本法规定的义务。

第六章 履行个人信息保护职责的部门

第六十条 国家网信部门负责统筹协调个人信息保护工作和相关监督管理工作。国务院有关部门依照本法和有关法律、行政法规的规定，在各自职责范围内负责个人信息保护和监督管理工作。县级以上地方人民政府有关部门的个人信息保护和监督管理职责，按照国家有关规定确定。前两款规定的部门统称为履行个人信息保护职责的部门。

第六十一条 履行个人信息保护职责的部门履行下列个人信息保护职责：（一）开展个人信息保护宣传教育，指导、监督个人信息处理者开展个人信息保护工作；（二）接受、处理与个人信息保护有关的投诉、举报；（三）组织对应用程序等个人信息保护情况进行测评，并公布测评结果；

（四）调查、处理违法个人信息处理活动；（五）法律、行政法规规定的其他职责。

第六十二条 国家网信部门统筹协调有关部门依据本法推进下列个人信息保护工作：（一）制定个人信息保护具体规则、标准；（二）针对小型个人信息处理者、处理敏感个人信息以及人脸识别、人工智能等新技术、新应用，制定专门的个人信息保护规则、标准；（三）支持研究开发和推广应用安全、方便的电子身份认证技术，推进网络身份认证公共服务建设；（四）推进个人信息保护社会化服务体系建设，支持有关机构开展个人信息保护评估、认证服务；（五）完善个人信息保护投诉、举报工作机制。

第六十三条 履行个人信息保护职责的部门履行个人信息保护职责，可以采取下列措施：（一）询问有关当事人，调查与个人信息处理活动有关的情况；（二）查阅、复制当事人与个人信息处理活动有关的合同、记录、账簿以及其他有关资料；（三）实施现场检查，对涉嫌违法的个人信息处理活动进行调查；（四）检查与个人信息处理活动有关的设备、物品；对有证据证明是用于违法个人信息处理活动的设备、物品，向本部门主要负责人书面报告并经批准，可以查封或者扣押。履行个人信息保护职责的部门依法履行职责，当事人应当予以协助、配合，不得拒绝、阻挠。

第六十四条 履行个人信息保护职责的部门在履行职责中，发现个人信息处理活动存在较大风险或者发生个人信息安全事件的，可以按照规定的权限和程序对该个人信息处理者的法定代表人或者主要负责人进行约谈，或者要求个人信息处理者委托专业机构对其个人信息处理活动进行合规审计。个人信息处理者应当按照要求采取措施，进行整改，消除隐患。履行个人信息保护职责的部门在履行职责中，发现违法处理个人信息涉嫌犯罪的，应当及时移送公安机关依法处理。

第六十五条 任何组织、个人有权对违法个人信息处理活动向履行个人信息保护职责的部门进行投诉、举报。收到投诉、举报的部门应当依法及时处理，并将处理结果告知投诉、举报人。履行个人信息保护职责的部门应当公布接受投诉、举报的联系方式。

第七章　法律责任

第六十六条　违反本法规定处理个人信息，或者处理个人信息未履行本法规定的个人信息保护义务的，由履行个人信息保护职责的部门责令改正，给予警告，没收违法所得，对违法处理个人信息的应用程序，责令暂停或者终止提供服务；拒不改正的，并处一百万元以下罚款；对直接负责的主管人员和其他直接责任人员处一万元以上十万元以下罚款。有前款规定的违法行为，情节严重的，由省级以上履行个人信息保护职责的部门责令改正，没收违法所得，并处五千万元以下或者上一年度营业额百分之五以下罚款，并可以责令暂停相关业务或者停业整顿、通报有关主管部门吊销相关业务许可或者吊销营业执照；对直接负责的主管人员和其他直接责任人员处十万元以上一百万元以下罚款，并可以决定禁止其在一定期限内担任相关企业的董事、监事、高级管理人员和个人信息保护负责人。

第六十七条　有本法规定的违法行为的，依照有关法律、行政法规的规定记入信用档案，并予以公示。

第六十八条　国家机关不履行本法规定的个人信息保护义务的，由其上级机关或者履行个人信息保护职责的部门责令改正；对直接负责的主管人员和其他直接责任人员依法给予处分。履行个人信息保护职责的部门的工作人员玩忽职守、滥用职权、徇私舞弊，尚不构成犯罪的，依法给予处分。

第六十九条　处理个人信息侵害个人信息权益造成损害，个人信息处理者不能证明自己没有过错的，应当承担损害赔偿等侵权责任。前款规定的损害赔偿责任按照个人因此受到的损失或者个人信息处理者因此获得的利益确定；个人因此受到的损失和个人信息处理者因此获得的利益难以确定的，根据实际情况确定赔偿数额。

第七十条　个人信息处理者违反本法规定处理个人信息，侵害众多个人的权益的，人民检察院、法律规定的消费者组织和由国家网信部门确定的组织可以依法向人民法院提起诉讼。

第七十一条　违反本法规定，构成违反治安管理行为的，依法给予治安管理处罚；构成犯罪的，依法追究刑事责任。

第八章　附则

第七十二条　自然人因个人或者家庭事务处理个人信息的，不适用本法。法律对各级人民政府及其有关部门组织实施的统计、档案管理活动中的个人信息处理有规定的，适用其规定。

第七十三条　本法下列用语的含义：（一）个人信息处理者，是指在个人信息处理活动中自主决定处理目的、处理方式的组织、个人。（二）自动化决策，是指通过计算机程序自动分析、评估个人的行为习惯、兴趣爱好或者经济、健康、信用状况等，并进行决策的活动。（三）去标识化，是指个人信息经过处理，使其在不借助额外信息的情况下无法识别特定自然人的过程。（四）匿名化，是指个人信息经过处理无法识别特定自然人且不能复原的过程。

第七十四条　本法自2021年11月1日起施行。

中华人民共和国密码法

第一章　总则

第一条　为了规范密码应用和管理，促进密码事业发展，保障网络与信息安全，维护国家安全和社会公共利益，保护公民、法人和其他组织的合法权益，制定本法。

第二条　本法所称密码，是指采用特定变换的方法对信息等进行加密保护、安全认证的技术、产品和服务。

第三条　密码工作坚持总体国家安全观，遵循统一领导、分级负责，创新发展、服务大局，依法管理、保障安全的原则。

第四条　坚持中国共产党对密码工作的领导。中央密码工作领导机构对全国密码工作实行统一领导，制定国家密码工作重大方针政策，统筹协调国家密码重大事项和重要工作，推进国家密码法治建设。

第五条　国家密码管理部门负责管理全国的密码工作。县级以上地方各级密码管理部门负责管理本行政区域的密码工作。

国家机关和涉及密码工作的单位在其职责范围内负责本机关、本单位或者本系统的密码工作。

第六条 国家对密码实行分类管理。

密码分为核心密码、普通密码和商用密码。

第七条 核心密码、普通密码用于保护国家秘密信息，核心密码保护信息的最高密级为绝密级，普通密码保护信息的最高密级为机密级。

核心密码、普通密码属于国家秘密。密码管理部门依照本法和有关法律、行政法规、国家有关规定对核心密码、普通密码实行严格统一管理。

第八条 商用密码用于保护不属于国家秘密的信息。

公民、法人和其他组织可以依法使用商用密码保护网络与信息安全。

第九条 国家鼓励和支持密码科学技术研究和应用，依法保护密码领域的知识产权，促进密码科学技术进步和创新。

国家加强密码人才培养和队伍建设，对在密码工作中作出突出贡献的组织和个人，按照国家有关规定给予表彰和奖励。

第十条 国家采取多种形式加强密码安全教育，将密码安全教育纳入国民教育体系和公务员教育培训体系，增强公民、法人和其他组织的密码安全意识。

第十一条 县级以上人民政府应当将密码工作纳入本级国民经济和社会发展规划，所需经费列入本级财政预算。

第十二条 任何组织或者个人不得窃取他人加密保护的信息或者非法侵入他人的密码保障系统。

任何组织或者个人不得利用密码从事危害国家安全、社会公共利益、他人合法权益等违法犯罪活动。

第二章 核心密码、普通密码

第十三条 国家加强核心密码、普通密码的科学规划、管理和使用，加强制度建设，完善管理措施，增强密码安全保障能力。

第十四条 在有线、无线通信中传递的国家秘密信息，以及存储、处理国家秘密信息的信息系统，应当依照法律、行政法规和国家有关规定使用核心密码、普通密码进行加密保护、安全认证。

第十五条 从事核心密码、普通密码科研、生产、服务、检测、装备、使用和销毁等工作的机构（以下统称密码工作机构）应当按照法律、行政法规、国家有关规定以及核心密码、普通密码标准的要求，建立健全安全管理制度，采取严格的保密措施和保密责任制，确保核心密码、普通密码的安全。

第十六条 密码管理部门依法对密码工作机构的核心密码、普通密码工作进行指导、监督和检查，密码工作机构应当配合。

第十七条 密码管理部门根据工作需要会同有关部门建立核心密码、普通密码的安全监测预警、安全风险评估、信息通报、重大事项会商和应急处置等协作机制，确保核心密码、普通密码安全管理的协同联动和有序高效。

密码工作机构发现核心密码、普通密码泄密或者影响核心密码、普通密码安全的重大问题、风险隐患的，应当立即采取应对措施，并及时向保密行政管理部门、密码管理部门报告，由保密行政管理部门、密码管理部门会同有关部门组织开展调查、处置，并指导有关密码工作机构及时消除安全隐患。

第十八条 国家加强密码工作机构建设，保障其履行工作职责。

国家建立适应核心密码、普通密码工作需要的人员录用、选调、保密、考核、培训、待遇、奖惩、交流、退出等管理制度。

第十九条 密码管理部门因工作需要，按照国家有关规定，可以提请公安、交通运输、海关等部门对核心密码、普通密码有关物品和人员提供免检等便利，有关部门应当予以协助。

第二十条 密码管理部门和密码工作机构应当建立健全严格的监督和安全审查制度，对其工作人员遵守法律和纪律等情况进行监督，并依法采取必要措施，定期或者不定期组织开展安全审查。

第三章 商用密码

第二十一条 国家鼓励商用密码技术的研究开发、学术交流、成果转化和推广应用，健全统一、开放、竞争、有序的商用密码市场体系，鼓励和促进商用密码产业发展。

各级人民政府及其有关部门应当遵循非歧视原则，依法平等对待包括外商投资企业在内的商用密码科研、生产、销售、服务、进出口等单位（以下统称商用密码从业单位）。国家鼓励在外商投资过程中基于自愿原则和商业规则开展商用密码技术合作。行政机关及其工作人员不得利用行政手段强制转让商用密码技术。

商用密码的科研、生产、销售、服务和进出口，不得损害国家安全、社会公共利益或者他人合法权益。

第二十二条 国家建立和完善商用密码标准体系。

国务院标准化行政主管部门和国家密码管理部门依据各自职责，组织制定商用密码国家标准、行业标准。

国家支持社会团体、企业利用自主创新技术制定高于国家标准、行业标准相关技术要求的商用密码团体标准、企业标准。

第二十三条 国家推动参与商用密码国际标准化活动，参与制定商用密码国际标准，推进商用密码中国标准与国外标准之间的转化运用。

国家鼓励企业、社会团体和教育、科研机构等参与商用密码国际标准化活动。

第二十四条 商用密码从业单位开展商用密码活动，应当符合有关法律、行政法规、商用密码强制性国家标准以及该从业单位公开标准的技术要求。

国家鼓励商用密码从业单位采用商用密码推荐性国家标准、行业标准，提升商用密码的防护能力，维护用户的合法权益。

第二十五条 国家推进商用密码检测认证体系建设，制定商用密码检测认证技术规范、规则，鼓励商用密码从业单位自愿接受商用密码检测认证，提升市场竞争力。

商用密码检测、认证机构应当依法取得相关资质，并依照法律、行政法规的规定和商用密码检测认证技术规范、规则开展商用密码检测认证。

商用密码检测、认证机构应当对其在商用密码检测认证中所知悉的国家秘密和商业秘密承担保密义务。

第二十六条 涉及国家安全、国计民生、社会公共利益的商用密码产品，应当依法列入网络关键设备和网络安全专用产品目录，由具备资格的机构检测认证合格后，方可销售或者提供。商用密码产品检测认证适用《中华人民共和国网络安全法》的有关规定，避免重复检测认证。

商用密码服务使用网络关键设备和网络安全专用产品的，应当经商用密码认证机构对该商用密码服务认证合格。

第二十七条 法律、行政法规和国家有关规定要求使用商用密码进行保护的关键信息基础设施，其运营者应当使用商用密码进行保护，自行或者委托商用密码检测机构开展商用密码应用安全性评估。商用密码应用安全性评估应当与关键信息基础设施安全检测评估、网络安全等级测评制度相衔接，避免重复评估、测评。

关键信息基础设施的运营者采购涉及商用密码的网络产品和服务，可能影响国家安全的，应当按照《中华人民共和国网络安全法》的规定，通过国家网信部门会同国家密码管理部门等有关部门组织的国家安全审查。

第二十八条 国务院商务主管部门、国家密码管理部门依法对涉及国家安全、社会公共利益且具有加密保护功能的商用密码实施进口许可，对涉及国家安全、社会公共利益或者中国承担国际义务的商用密码实施出口管制。商用密码进口许可清单和出口管制清单由国务院商务主管部门会同国家密码管理部门和海关总署制定并公布。

大众消费类产品所采用的商用密码不实行进口许可和出口管制制度。

第二十九条 国家密码管理部门对采用商用密码技术从事电子政务电子认证服务的机构进行认定，会同有关部门负责政务活动中使用电子签名、数据电文的管理。

第三十条 商用密码领域的行业协会等组织依照法律、行政法规及其章程的规定，为商用密码从业单位提供信息、技术、培训等服务，引导和督促商用密码从业单位依法开展商用密码活动，加强行业自律，推动行业诚信建设，促进行业健康发展。

第三十一条 密码管理部门和有关部门建立日常监管和随机抽查相结合的商用密码事中事后监管制度，建立统一的商用密码监督管理信息平台，推进事中事后监管与社会信用体系相衔接，强化商用密码从业单位自律和社会监督。

密码管理部门和有关部门及其工作人员不得要求商用密码从业单位和商用密码检测、认证机构向其披露源代码等密码相关专有信息，并对其在履行职责中知悉的商业秘密和个人隐私严格保密，不得泄露或者非法向他人提供。

第四章 法律责任

第三十二条 违反本法第十二条规定，窃取他人加密保护的信息，非法侵入他人的密码保障系统，或者利用密码从事危害国家安全、社会公共利益、他人合法权益等违法活动的，由有关部门依照《中华人民共和国网络安全法》和其他有关法律、行政法规的规定追究法律责任。

第三十三条 违反本法第十四条规定，未按照要求使用核心密码、普通密码的，由密码管理部门责令改正或者停止违法行为，给予警告；情节严重的，由密码管理部门建议有关国家机关、单位对直接负责的主管人员和其他直接责任人员依法给予处分或者处理。

第三十四条 违反本法规定，发生核心密码、普通密码泄密案件的，由保密行政管理部门、密码管理部门建议有关国家机关、单位对直接负责的主管人员和其他直接责任人员依法给予处分或者处理。

违反本法第十七条第二款规定，发现核心密码、普通密码泄密或者影响核心密码、普通密码安全的重大问题、风险隐患，未立即采取应对措施，或者未及时报告的，由保密行政管理部门、密码管理部门建议有关国家机关、单位对直接负责的主管人员和其他直接责任人员依法给予处分或者处理。

第三十五条 商用密码检测、认证机构违反本法第二十五条第二款、第三款规定开展商用密码检测认证的，由市场监督管理部门会同密码管理部门责令改正或者停止违法行为，给予警告，没收违法所得；违法所得三十万元以上的，可以并处违法所得一倍以上三倍以下罚款；没有违法所得或者违法所得不足三十万元的，可以并处十万元以上三十万元以下罚款；情节严重的，依法吊销相关资质。

第三十六条 违反本法第二十六条规定，销售或者提供未经检测认证或者检测认证不合格的商用密码产品，或者提供未经认证或者认证不合格的商用密码服务的，由市场监督管理部门会同密码管理部门责令改正或者停止违法行为，给予警告，没收违法产品和违法所得；违法所得十万元以上的，可以并处违法所得一倍以上三倍以下罚款；没有违法所得或者违法所得不足十万元的，可以并处三万元以上十万元以下罚款。

第三十七条 关键信息基础设施的运营者违反本法第二十七条第一款规定，未按照要求使用商用密码，或者未按照要求开展商用密码应用安全性评估的，由密码管理部门责令改正，给予警告；拒不改正或者导致危害网络安全等后果的，处十万元以上一百万元以下罚款，对直接负责的主管人员处一万元以上十万元以下罚款。

关键信息基础设施的运营者违反本法第二十七条第二款规定，使用未经安全审查或者安全审查未通过的产品或者服务的，由有关主管部门责令停止使用，处采购金额一倍以上十倍以下罚款；对直接负责的主管人员和其他直接责任人员处一万元以上十万元以下罚款。

第三十八条 违反本法第二十八条实施进口许可、出口管制的规定，进出口商用密码的，由国务院商务主管部门或者海关依法予以处罚。

第三十九条 违反本法第二十九条规定，未经认定从事电子政务电子认证服务的，由密码管理部门责令改正或者停止违法行为，给予警告，没收违法产品和违法所得；违法所得三十万元以上的，可以并处违法所得一倍以上三倍以下罚款；没有违法所得或者违法所得不足三十万元的，可以并处十万元以上三十万元以下罚款。

第四十条 密码管理部门和有关部门、单位的工作人员在密码工作中滥用职权、玩忽职守、徇私舞弊，或者泄露、非法向他人提供在履行职责中知悉的商业秘密和个人隐私的，依法给予处分。

第四十一条 违反本法规定，构成犯罪的，依法追究刑事责任；给他人造成损害的，依法承担民事责任。

第五章 附则

第四十二条 国家密码管理部门依照法律、行政法规的规定，制定密码管理规章。

第四十三条 中国人民解放军和中国人民武装警察部队的密码工作管理办法，由中央军事委员会根据本法制定。

第四十四条 本法自2020年1月1日起施行。

参考文献

［1］新华网.网络安全事关国家安全和国家权益［EB/OL］.http：//www.xinhuanet.com/politics/2014-11/27/c_127258016.htm.

［2］王顺.网络空间安全技术［M］.北京：机械工业出版社，2021.

［3］曹春杰.网络空间安全概论［M］.北京：电子工业出版社出版，2019.

［4］刘建伟.网络空间安全导论［M］.北京：清华大学出版社，2020.

［5］蒋平.信息对抗［M］.北京：中国人民公安大学出版社，2007.

［6］中华人民共和国互联网信息办公室.国家网络空间安全战略［EB/OL］.http：//www.cac.gov.cn/2016-12/27/c_1120195926.htm.

［7］上野 宣.图解HTTP［M］.北京：人民邮电出版社，2014.

［8］竹下隆史，村山公保，荒井透等.图解TCP/IP［M］.北京：人民邮电出版社，2013.

［9］谢希仁.计算机网络（第七版）［M］.北京：电子工业出版社，2017.

［10］S2微沙龙.大话5G：走进万物互联新时代［M］.北京：机械工业出版社，2017.

［11］第48次中国互联网络发展状况统计报告［R］.北京：中国互联网络信息中心，2021.

［12］陈铁明.网络空间安全通识教程［M］.北京：人民邮电出版社，2019.

［13］王伟，宁宇鹏.防火墙原理与技术［M］.北京：机械工业出版社，2004.

［14］黎连业.路由器及其应用技术［M］.北京：清华大学出版社，2004.

［15］陈承欢.交换机与路由器技术［M］.北京：清华大学出版社，2011.

［16］［日］小野哲，小关裕明，马建军.服务器［M］.北京：科学出版社，2004

［17］张淼，邵帅，王浩宇等.移动终端安全［M］.北京：北京邮电大学出版社，2019

［18］王志良.物联网终端技术［M］.北京：机械工业出版社，2013.

［19］信用中国（福建漳州）.【风险提示】利用验证码盗号诈骗微信圈好友［EB/OL］.http：//zzxy.zhangzhou.gov.cn/451.news.detail.dhtml？news_id=21618.

［20］张红旗.为你护航（网络空间安全科普读本）［M］.北京：电子工业出版社，2016.

［21］网信郑州.网络安全小黑板|如何避免网上购物时泄露个人信息［EB/OL］.http：//baijiahao.baidu.com/s？id=1676261842309675996&wfr=spider&for=pc.

［22］国家互联网信息办公室.网络安全和信息化读本（中学篇）［M］.北京：人民教育出版社，2017.

［23］李建华，马进.青少年网络安全空间安全科普教育读本：网络安全在身边［M］.上海：上海交通大学出版社，2020.

［24］网信无极.【网络安全知识】小学生追星被骗子恐吓转账8000元，不转账就要坐牢？［EB/OL］.https：//mp.weixin.qq.com/s/tg-FmDv316KGL_C7gM6aMQ.

［25］西北工业大学.网络安全小黑板［EB/OL］.https：//it.nwpu.edu.cn/safe2020/wlaqxhb.htm.

［26］新华网.短视频防沉迷系统：过度“依赖”用户自主选择［EB/OL］.http：//www.xinhuanet.com/politics/2019-03/31/c_1124306137.htm.

［27］人民日报.人民日报调查：一些青少年沉迷短视频家长应担起责任［EB/OL］.https：//baijiahao.baidu.com/s？id=1633738137511735062&wfr=spider&for=pc.

[28] 田华.青少年如何自我管理，正确利用网络 [J].教育界·上旬，2015 (09).

[29] 简书.青少年应该如何规划自己的上网时间？如何正确使用互联网？ [EB/OL] .https：//www.jianshu.com/p/3efe01385252.

[30] 腾讯网.少年沉迷游戏充值1.7万元 其母诉至法院 [EB/OL] .https：//new.qq.com/rain/a/20200820A03XV300.

[31] 中国青年网.7大原因导致青少年沉迷网游如何拯救网游少年？ [EB/OL] .http：//youxi.youth.cn/2013/0911/122329.shtml.

[32] 腾讯网.开黑、吃鸡？！孩子沉迷网络游戏，家长该怎么办？ [EB/OL] .https：//new.qq.com/rain/a/20200804a0sad200.

[33] 搜狐网.避免青少年沉迷网络？这些事情家长和孩子都要知道！ [EB/OL] .https：//www.sohu.com/a/259353551_739538.

[34] 腾讯网.长期沉迷网游可能改变孩子大脑结构 [EB/OL] .https：//new.qq.com/rain/a/20210902A06H9O00.

[35] 搜狐网.微博禁言多个账号因恶意诋毁攻击我国奥运选手 [EB/OL] .https：//www.sohu.com/a/479460444_258858.

[36] 中国律师网.言论自由有边界，网络表达须谨慎 [EB/OL] .http：//www.acla.org.cn/article/page/detailById/31309.

[37] 大河网.网络言论必须恪守自由边界 [EB/OL] .http：//newpaper.dahe.cn/hnrb/html/2018-09/02/content_277145.htm.

[38] 中国青年网.宣传部答：在这个盛行的网络时代，青少年应如何应对网络暴力？ [EB/OL] .http：//qnzs.youth.cn/2016/0119/3655891.shtml.

[39] 环球网.公安机关破获”扫黄打非”案件600余起抓获嫌犯700余名 [EB/OL] .https：//baijiahao.baidu.com/s ？ id=1697727984454256763&wfr=spider&for=pc.

[40] 人民网.别让粗俗网语玷污中文之美 [EB/OL] .http：//theory.people.com.cn/n1/2017/0106/c40531-29002692.html.

[41] 刘胜蓉.网络低俗文化对青少年价值观的负面影响及解决对策 [J].

桂海论丛，2007（06）：94–95.

［42］谭建伟.数字与网络生活导论［M］.北京：电子工业出版社，2017.

［43］刘永泰，胡艳慧.全民安全教育丛书：网络信息安全知识读本［M］.山西：山西科学技术出版社，2014.

［44］吴珂.青少年网络安全与道德教育［M］.北京：中国社会科学出版社，2012

［45］搜狐网.严厉打击信息泄露，给予公民更多安全感［EB/OL］.https://www.sohu.com/a/122051317_400222.

［46］Simon S.密码故事：人类智力的另类较量［M］.天津：百花文艺出版社，2013.

［47］Paar C，Pelzl J.深入浅出密码学［M］.北京：清华大学出版社，2012.

［48］少数派.读懂这个爱情故事，你就在密码学入了门［EB/OL］.https://sspai.com/post/60284.

［49］Singh S.码书：编码与解码的战争［M］.江西：江西人民出版社，2018.

［50］李长生，邹祁.军事密码学［M］.上海：上海科技教育出版社，2001.

［51］贾志勇.青少年信息安全实践［M］.北京：科学出版社，2016.

［52］魏亮.网络空间安全［M］.北京：电子工业出版社，2016.

［53］腾讯网.美国大选在即，特朗普却突遭打击，竞选资金被黑客入侵盗走［EB/OL］.https://new.qq.com/rain/a/20201031A09U1300.

［54］华经产业研究院.2021–2026年中国网约车市场竞争策略及行业投资潜力预测报告［EB/OL］.https://www.huaon.com/channel/van/692928.html#reportdata.

［55］新浪科技.滴滴出行严重违法违规收集个人信息被下架保护个人信息成常态［EB/OL］.https://finance.sina.com.cn/tech/2021-07-05/doc-ikqcfnca4936036.shtml.

［56］腾讯电脑管家.3890000台电脑成肉鸡首例特大挖矿木马案告破

［EB/OL］.https：//guanjia.qq.com/avast/232/index.html.

［57］掌控安全学院.B站知名up主遭勒索［EB/OL］.https：//www.bilibili.com/read/cv5827693/.

［58］潇湘晨报.守护网络安全，平安泸州与你同行［EB/OL］.https：//baijiahao.baidu.com/s？ id=1713454300941402200.

［59］《信息和网络安全教育》编写组.信息和网络安全教育：初中版.［M］长沙：湖南少年儿童出版社：湖南教育音像电子出版社，2019.

［60］吴珂.青少年网络安全与道德教育［M］.北京：中国社会科学出版社，2012.

［61］Thomas ERL.云计算：概念、技术与框架［M］.北京：机械工业出版社，2017.

［62］张剑，万里冰，秦潇潇.信息安全技术应用［M］.四川：电子科技大学出版社，2015.

［63］西部数码.云计算安全风险主要在哪些方面［EB/OL］.https：//www.elecfans.com/tongxin/202003181184736.html，2020.

［64］赛博研究院.人工智能技术与网络空间安全［J］.信息安全与通信保密，2019（06）：21-26.

［65］中共中央网络安全和信息化委员会办公室.区块链技术的五大应用场景［EB/OL］.http：//www.cac.gov.cn/2019-11/06/c_1574572443976601.htm，2019.